U0341329

21 世纪高等学校计算机教育实用规划教材

程序设计基础实验教程

（C语言）

钟梅 主编
林雪明 张明 陆静 副主编

清华大学出版社
北京

内 容 简 介

本书以程序设计基础为中心，辅助学习程序设计的基本方法和基本原理。本书适用于那些拥有很少或没有编程经验的学习者，使初学编程的学生或爱好者能够循序渐进，逐步完成小型程序的编写，最终掌握程序设计方法并用C语言实现。

本书共24个实验单元及1个综合项目演练单元。内容包含简单C程序、顺序程序设计、分支结构程序设计、循环结构、一维数组、二维数组、字符数组和字符串、函数、指针、结构体、链表、文件等章节，其中对于有一定难度的章节(如指针)有更细致的划分。

本书强调标准化、软件工程思想、服务应用、程序通用方法，确立面向工程和应用的培养定位。本书适合作为本科和大专院校"程序设计基础"课程的C语言版实验教材，也适合程序设计自学者参考。

图书在版编目(CIP)数据

程序设计基础实验教程：C语言/钟梅主编. --北京：清华大学出版社，2012.10(2021.7重印)
21世纪高等学校计算机教育实用规划教材
ISBN 978-7-302-29737-6

Ⅰ. ①程… Ⅱ. ①钟… Ⅲ. ①C语言－程序设计－高等学校－教材 Ⅳ. ①TP312

中国版本图书馆CIP数据核字(2012)第188929号

责任编辑：付弘宇 薛 阳
封面设计：傅瑞学
责任校对：时翠兰
责任印制：宋 林

出版发行：清华大学出版社
网 址：http://www.tup.com.cn，http://www.wqbook.com
地 址：北京清华大学学研大厦A座 邮 编：100084
社 总 机：010-62770175 邮 购：010-83470235
投稿与读者服务：010-62776969，c-service@tup.tsinghua.edu.cn
质量反馈：010-62772015，zhiliang@tup.tsinghua.edu.cn
课件下载：http://www.tup.com.cn，010-83470236
印 装 者：三河市少明印务有限公司
经 销：全国新华书店
开 本：185mm×260mm **印 张**：15.5 **字 数**：375千字
版 次：2012年10月第1版 **印 次**：2021年7月第10次印刷
印 数：5951～6450
定 价：34.50元

产品编号：048533-02

出版说明

随着我国高等教育规模的扩大以及产业结构调整的进一步完善，社会对高层次应用型人才的需求将更加迫切。各地高校紧密结合地方经济建设发展需要，科学运用市场调节机制，合理调整和配置教育资源，在改革和改造传统学科专业的基础上，加强工程型和应用型学科专业建设，积极设置主要面向地方支柱产业、高新技术产业、服务业的工程型和应用型学科专业，积极为地方经济建设输送各类应用型人才。各高校加大了使用信息科学等现代科学技术提升、改造传统学科专业的力度，从而实现传统学科专业向工程型和应用型学科专业的发展与转变。在发挥传统学科专业师资力量强、办学经验丰富、教学资源充裕等优势的同时，不断更新教学内容、改革课程体系，使工程型和应用型学科专业教育与经济建设相适应。计算机课程教学在从传统学科向工程型和应用型学科转变中起着至关重要的作用，工程型和应用型学科专业中的计算机课程设置、内容体系和教学手段及方法等也具有不同于传统学科的鲜明特点。

为了配合高校工程型和应用型学科专业的建设和发展，急需出版一批内容新、体系新、方法新、手段新的高水平计算机课程教材。目前，工程型和应用型学科专业计算机课程教材的建设工作仍滞后于教学改革的实践，如现有的计算机教材中有不少内容陈旧(依然用传统专业计算机教材代替工程型和应用型学科专业教材)，重理论、轻实践，不能满足新的教学计划、课程设置的需要；一些课程的教材可供选择的品种太少；一些基础课的教材虽然品种较多，但低水平重复严重；有些教材内容庞杂，书越编越厚；专业课教材、教学辅助教材及教学参考书短缺，等等，都不利于学生能力的提高和素质的培养。为此，在教育部相关教学指导委员会专家的指导和建议下，清华大学出版社组织出版本系列教材，以满足工程型和应用型学科专业计算机课程教学的需要。本系列教材在规划过程中体现了如下一些基本原则和特点。

(1) 面向工程型与应用型学科专业，强调计算机在各专业中的应用。教材内容坚持基本理论适度，反映基本理论和原理的综合应用，强调实践和应用环节。

(2) 反映教学需要，促进教学发展。教材规划以新的工程型和应用型专业目录为依据。教材要适应多样化的教学需要，正确把握教学内容和课程体系的改革方向，在选择教材内容和编写体系时注意体现素质教育、创新能力与实践能力的培养，为学生知识、能力、素质协调发展创造条件。

(3) 实施精品战略，突出重点，保证质量。规划教材建设仍然把重点放在公共基础课和专业基础课的教材建设上；特别注意选择并安排一部分原来基础比较好的优秀教材或讲义修订再版，逐步形成精品教材；提倡并鼓励编写体现工程型和应用型专业教学内容和课程体系改革成果的教材。

(4) 主张一纲多本,合理配套。基础课和专业基础课教材要配套,同一门课程可以有多本具有不同内容特点的教材。处理好教材统一性与多样化,基本教材与辅助教材,教学参考书,文字教材与软件教材的关系,实现教材系列资源配套。

(5) 依靠专家,择优选用。在制订教材规划时要依靠各课程专家在调查研究本课程教材建设现状的基础上提出规划选题。在落实主编人选时,要引入竞争机制,通过申报、评审确定主编。书稿完成后要认真实行审稿程序,确保出书质量。

繁荣教材出版事业,提高教材质量的关键是教师。建立一支高水平的以老带新的教材编写队伍才能保证教材的编写质量和建设力度,希望有志于教材建设的教师能够加入到我们的编写队伍中来。

21世纪高等学校计算机教育实用规划教材编委会

联系人:魏江江 weijj@tup.tsinghua.edu.cn

前　言

【定位】

“程序设计基础”是计算机专业、软件工程专业、电子信息类等专业的基础课程，目前C语言仍然是计算机领域的通用语言之一。本书是为大学本科阶段的“程序设计基础”课程编写的C语言版实验教材，配合“程序设计基础”理论教学，以程序设计基础为主，介绍程序设计的基本方法和基本理论，使初学编程的学生或爱好者能够循序渐进，最终掌握程序设计并用C语言实现的普遍方法。

本书强调标准化、软件工程、服务应用、程序通用方法，不强调编程技巧，不追求大而全的知识面，确立面向工程和应用的培养定位。本书也非常适于作为其他一些课程的辅助用书。

【内容提要】

“程序设计基础”课程适用于那些拥有很少或没有编程经验的学生，本实验教程致力于使学生理解计算机在解决问题中的作用，并且帮助学生，不论其专业是什么，都能逐步建立信心以完成小型程序的编写。

本书内容分为简单C程序、顺序程序设计、分支结构程序设计、循环结构、一维数组、二维数组、字符数组和字符串、函数、指针、结构体、链表、文件等章节，其中对于有一定难度的章节有更细致的划分，如指针等，具体请参考本书目录。

【主要特色】

(1) 简单易学的组织结构。强调循序渐进，针对有难度的主题，以螺旋式渐进方式组织主题，逐渐增加细节内容，并前后呼应。

(2) 强调编程基础，弱化C语法特色。本课程主题在于程序设计的基本思想方法，虽然离不开C的语言特色，但不再致力于语法学习，摒弃常用的陷阱设计以及为了出题而出题的局限，努力致力于实用与实践。

(3) 突出关键，择去旁枝。在实现同一种程序设计的方法较多时，不再追求大而全、面面俱到的学习方法，舍弃次要内容，选择最常用的一到两种，对比加强，用好用透即可。

(4) 强调通用方法，弱化技巧。本教程试图采用通用规范的方法辅助学生学习并实践程序设计思想，而不是注重于技巧，并以范例的形式为学生解读个别经典的程序设计技巧。

(5) 注重标准化，强调编写风格，强调软件工程思想。本教程注重以软件工程的思想进行程序设计，并逐步引导学生建立某种编程风格，坚持程序易读、可维护。

(6) 选例适当,便于自学。每个实验通常有三个以上的典型例题,覆盖本实验的关键知识点。典型例题注解清晰,知识点明确易懂,风格良好,帮助学生掌握知识点。

(7) Q&A解问答疑。每个实验中都有一个Q&A部分,汇集本实验相关的常见问题及其答案,对一些难以理解的问题予以进一步解释说明。

【培养目标及学习成果】

本书介绍程序设计的基本方法和基本理论,及C语言实现,帮助学习者循序渐进地将程序设计方法运用于实践,使学习者逐步掌握运用软件工程的思想进行程序设计的能力,同时培养学生具备IT行业要求的职业素养,主动培养以下多方面的能力:学习能力、问题描述能力、问题分析能力、选择合适的方法解决问题的能力、多种方案的比较能力、编码能力、测试能力、交流沟通能力、文档表达能力、模块复用能力等。

1. 技能

(1) 能够清楚软件工程思想解决问题的各个步骤,并行之有效地运用于程序设计。

(2) 能够熟悉一些常用的算法,如辗转相除法、冒泡排序法、插入排序法、选择排序法、二分查找法等。

(3) 具备一定的程序阅读与分析能力,以及对比分析能力。

(4) 能够按照一定步骤进行程序设计。

(5) 熟悉编译器,具备一定的程序调试能力。

2. 分析问题的能力

(1) 能够根据通用算法步骤合理划分子问题。

(2) 能够对出现的问题予以讨论和分析,列出各种自行解决方案及结果,以便于分析并寻求解决方案。

(3) 根据程序运行结果判别程序输出是否符合要求。

3. 表达能力

(1) 能够使用结构化程序设计思想,结合伪码、代码或者自然语言,正确描述一个简单的问题或小课题。

(2) 能够使用自然语言描述问题。

(3) 能够使用自然语言表达解决思路。

(4) 能够用算法表述解决步骤。

(5) 能够使用程序设计语言表达解决思路。

4. 交流沟通能力

(1) 能够向他人陈述问题和想法,并确认对方能够理解。

(2) 能够耐心倾听他人的描述,理解其描述,并及时反馈。

(3) 能够理解他人的问题,并陈述问题产生的原因和解决办法。

5. 程序调试、测试能力

(1) 编译器报错或警告时,能够理解出错或警告信息。

(2) 能够根据编译器信息对源代码错误进行定位,修改后,再编译。

(3) 能够单步调试程序。

(4) 能够设计各种测试数据检验程序是否设计正确。

【教学安排】

本教程由 24 个实验单元和一个项目演练单元构成。但是实验单元序号并非线性排列，这是考虑到主题相同的知识单元，一次实验课未必能够掌握，比如循环结构，通常会对初学者构成一个关卡，于是我们根据教学经验和学生反馈拆分成为两个单元，即实验 4-1 和实验 4-2，将双重循环等内容放在了实验 4-2 中。另如数组，也按照知识单元总章划分为实验 5-1 一维数组、实验 5-2 二维数组，以及实验 5-3 字符数组和字符串。以后其他章节也如此安排，比如指针、结构体以及链表等。

如果课程安排为 5 个学分，即实验课程为 68 个学时，抛去习题课和节假日冲突，则本教程基本对应于一课一练，即每次实验课一个实验单元。可一个学期使用，也可以拆分为两个学期使用。也可供其他学分安排的课程作为实验参考。

项目演练可以作为学期综合大作业，也可以用于课程实践环节的内容，主旨是将所学的零散知识点有机组织起来，完成一个较具规模的综合应用型项目。

本教程中有部分实验习题或实验单元有 * 号出现，意为选学或选做内容，学习者可以根据自己的学习能力和学习时间灵活安排。

【学习策略】

通过程序设计基础这门课程，希望培养学习者良好的学习习惯和职业素养。

学习是一个循序渐进的过程，对初学者而言，内容均为新概念、新知识、新思维方式，若完全靠自己看书、阅读教材，可能比较艰苦，有一定的难度，有些内容甚至完全看不懂。

学习没有捷径可走，学习者不要因为个别问题搞不懂，不能一下子掌握知识就望而生畏、停滞不前，有些内容需要有一个消化过程。学习者应充分利用各种资源，做好预习和复习工作，提高学习效率，再辅之以适当的独立学习时间，才能学好本课程，为后继专业学习打下坚实的基础。对平时学习内容结合实验教程反复思考，吃透每一知识点，深刻理解每一个基本概念、基本原理的要领。

写程序从哪里开始？大多数新手看到问题或者题目后，立刻开始编码，然后调试程序，希望马上得到正确的结果。其实，这不是个好习惯。

正确的方法是应用软件工程的思想分析和解决问题。有一个大致的算法分析或者解决步骤后，再进行编码，没有方案设计就进行编码，将增加无谓的调试时间。

另外，需要注意合理分配学习时间，掌握学习节奏。

一般地，在本课程学习活动中，每周应保持约 10 小时的学习时间，大致参考如下。

理论课：1.5 小时

上机实践：1.5 小时

课后自习：7 小时

【致谢】

首先，要感谢清华大学出版社，感谢出版社对书稿改版的支持和理解，以及对书稿所做的文字编辑工作。

本书的形成是教学过程逐渐累积的过程，感谢曾经一起工作的同事贺贯中、胡明庆，他们严谨的治学态度,以及针对学生特色对教材的定制和裁剪方法对本书产生了比较重要的影响。

感谢一同工作在同一课程及后继课程的各位老师:姚畅、应新洋、江左文、周国兵、刘慰、高巍、聂琰、孙霞、胡旭昶、蒋伟钢等,他们为本书贡献了大量有价值的反馈信息和修改建议,同时感谢袁一峰、徐丽宁和蔡丽雅等给予的热情支持。感谢学院主管部门领导赵一鸣、杨相生和张战等给予的支持和鼓励。

感谢众多的学生,他们使用了早期的书稿,并提供了大量的反馈信息,帮助作者更好地调整知识结构和出题策略,感谢历年来参与辅助答疑的学生助教们。感谢陈晓、林榆竣、胡启渊、周亮等帮助编写并调试程序。

此外,本教程受到 2009 年度宁波大学科学技术学院计算科学与技术省重点建设专业项目、2010 年度宁波大学教材建设项目以及 2010 年度宁波大学科学技术学院软件工程重点专业建设项目资助。

编　者

2012 年 6 月

目　录

实验 1　简单 C 程序

【知识点回顾】

1. 数据类型

(1) 数据类型是数据的一种属性,用来区分数据的不同表现形式和存储方式。在 C 程序中使用的数据有常量与变量之分。

(2) 本实验相关的数据类型有整型(int)、单精度浮点型(float)、字符型(char)。

2. 常量与数据类型

(1) 常量又可分为字面常量和符号常量,在程序运行过程中其值不能被改变。

(2) 字面常量: 也称为直接常量,如整型 1,单精度浮点型 2.5f,双精度浮点型 3.14,字符型'a',字符串型"hello"等。

(3) 符号常量: 也称为标识符常量,需用形如＃define N 10 的方式定义,没有明确的数据类型标识。

3. 变量与数据类型

(1) 变量代表内存中具有特定属性的一个存储单元,用来存储数据,在程序运行过程中可修改。

(2) 所有的变量在使用前必须先声明,即指定数据类型。如整型变量声明 int x;,单精度浮点型变量声明 float y;,双精度浮点型变量 double z;。请注意没有字符串变量类型。

(3) 变量包括变量名和变量值,如 int a=5;,即整型变量名为 a,值为 5。

4. 运算符

本实验涉及的运算符有: 算术运算符、赋值运算符。

(1) 算术运算符包括+、-、*、/、%,分别对应加法、减法、乘法、除法、取余。

(2) 赋值运算符=,用来实现变量的赋值,形如: 变量=表达式;。

5. 格式化输入输出函数

(1) 格式化输入函数 scanf。

功能: 读入键盘输入的数据。

惯用形式: scanf("control string",&varient1,&varient2,…);

(2) 格式化输出函数 printf。

功能: 在屏幕上输出信息。

惯用形式: printf("control string",expression1,expression2,…);

6. 格式占位符

(1) %d: 整型数据格式占位。

(2) %s：字符串格式占位。

(3) %f：单精度浮点数格式占位。

(4) %c：字符格式占位。

7. 转义字符

(1) '\n'：回车换行。

(2) '\"'：输出一个双引号"。

(3) '\t'：将光标从当前位置跳至下一个打印区(每8列为一个打印区)。

8. 程序的一般结构

(1) 输入阶段：要求用户提供程序需要的相关数据。

(2) 计算阶段：完成一定的数据计算和处理。

(3) 输出阶段：在屏幕上显示计算结果。

9. 算法

(1) 算法可以理解为由基本运算及规定的运算顺序所构成的完整的解题步骤。或者看成按要求设计好的有限的确切的计算序列，并且这样的步骤和序列可以解决一类问题。

(2) 算法可以用自然语言或者符号化语言进行表述。

(3) 用计算机解决问题的过程可以分成三个阶段：分析问题、设计算法和实现算法。

10. 设计程序的一般步骤

(1) 分析程序需求。

(2) 设计算法。

(3) 编写代码。

(4) 编译。

(5) 运行。

(6) 测试和调试程序。

(7) 维护和修改程序。

【典型例题】

1. 例题1，输出"hello，world！"，程序运行效果如图1-1所示。

```
//exp1_"hello,world!"
//程序中需要用到标准输出函数
#include <stdio.h>
int main()
{
    printf("hello, world!\n");
    return 0;
}
```

hello, world!

图 1-1

2. 例题2，例题1的另一种表达方式，程序运行效果如图1-1所示。

```
//exp2_"hello,world!"
#include <stdio.h>
int main()
```

```
{
    printf("%s, %s","hello","world!\n");//使用格式占位符%s进行输出控制
    return 0;
}
```

3. 例题3，转义字符输出介绍，程序运行效果如图1-2所示。

```
//exp3_转义字符
#include <stdio.h>
int main()
{
    printf("The bell is ringing.\a\n"); //使用转义字符响铃及换行
    return 0;
}
```

```
The bell is ringing.
```

图 1-2

```
请输入该同学的三门功课成绩，如a b c: 67.5 84 92.5
ave = 81.333333
```

图 1-3

4. 例题4，求某位学生三门课程的平均成绩，程序运行效果如图1-3所示。

```
/* File: Exp1
本程序运行后，要求用户用浮点数输入三门课程的成绩，计算平均值，并输出结果
*/
#include <stdio.h>
int main()
{
  //变量声明：声明浮点型变量
  float mathSco, chiSco, engSco, ave;

  printf("请输入该同学的三门功课成绩，如 a b c: ");
  scanf("%f %f %f", &mathSco, &chiSco, &engSco);

  //处理数据：求平均值，结果送入变量 ave 中
  ave = (mathSco + chiSco + engSco)/3;

  //输出数据
  printf("ave = %f\n", ave);
  return 0;
}
```

5. 例题5，输入一个两位整数，求该整数中各位数字之和，程序运行效果如图1-4所示。

```
/* File: Exp2
本程序运行后，请用户输入一个两位整数，然后对其中的各位数字求和，并输出结果 */
#include<stdio.h>
int main()
{
  //变量声明
  int   n,sum;
```

```
请输入一个两位整数：52
sum=7
```

图 1-4

```
    //输入数据
    printf("请输入一个两位整数: ");
    scanf("%d",&n);

    //处理数据: n%10 获取个位数字、n/10 获取十位数字,相加后存入变量 sum 中
    sum = n%10 + n/10;

    //输出数据
    printf("sum = %d\n",sum);
    return 0;
}
```

6. 例题 6,输入圆的半径,求圆的面积,程序运行效果如图 1-5 所示。

```
/* File: Exp3
本程序运行后,要求用户用浮点数输入圆的半径,在输出函数中计算并输出圆的面积 */
#include <stdio.h>
#define PI 3.1415        //定义符号常量 PI 值为 3.1415,代表π

int main()//主函数
{
    //变量声明
    float r;

    //输入数据
    printf("请输入圆的半径: ");
    scanf("%f",&r);

    //处理并输出圆的面积
    printf("area = %f\n",PI*r*r);
    return 0;
}
```

```
请输入圆的半径: 2.5
area=19.634375
```

图 1-5

【Q&A】

1. Q:什么叫源文件?

A:C 程序的创建有以下基本步骤或过程:编辑、编译、连接以及执行(或者"构建并运行")等。通常,编辑过程就是创建和修改 C 程序源代码的过程(程序设计人员编写的程序指令称为源代码,编辑阶段产生的文件称为源代码文件,简称源文件)。

2. Q:#include<stdio.h>是什么?

A:严格说来,它不是可执行程序的一部分,但它很重要,事实上,程序没有它是不能执行的。符号#表示这是一个预处理指令(preprocessing directive),该指令告诉编译器在编译源代码之前要预先执行一些操作。预处理指令相当多,大多放于源文件的开头。

上述代码行的作用,是让编译器将 stdio.h 文件的内容包含进来,该文件定义了 C 标准库中一些函数的信息,尤其是 printf()函数以及其他输入/输出函数所需要的信息。名称 stdio 是 standard input/output(标准输入/输出)的缩写。

3. Q:什么是头文件?

A：一般情况下，C语言所有程序中的头文件（header file）以.h作为文件扩展名，主要用于集成预定义函数或全局对象信息。有时程序设计人员需要创建自己的头文件，以用于程序。注意头文件名不区分大小写，但在#include指令里，这些文件名通常小写。

每个符合国际语言标准（ISO/IEC 9899）的C编译器都有一些标准的头文件。这些头文件主要包含与C标准库函数相关的声明。

4. Q：在目前使用的开发环境中，创建了源文件后，使用Build（构建）可以取代编译和链接吗？

A：目前很多的IDE（集成开发环境）都提供Build选项，它可以一次完成程序的编译和链接。

5. Q：为何程序已经编译链接成功，并无错误和警告信息，运行后却不会出现预想的结果？

A：程序编译链接成功后，0错误，0警告，说明程序通常没有明显的语法错误。但在程序的执行阶段，仍可能会出现各种错误，包括输出错误，或什么也不做，甚至使计算机崩溃。不管出现哪种情况，都必须返回编辑阶段，检查并修改源代码。

6. Q：程序中的注释有何用处？是否可以不加注释？

A：程序中的注释不是指令代码，仅用于告诉阅读代码的人，程序的功能和用途。

应养成给程序添加注释的习惯，当然程序也可以没有注释，但在编写较长的程序时，可能会忘记该程序的作用或者工作方式。添加足够的注释，可确保日后程序设计人员自己或者其他阅读人员能够理解程序的作用和工作方式。毕竟，程序的可读性对于程序的性能也是一项非常重要的评价指标。

7. Q：什么是调试与测试？

A：程序设计完成后，需要测试该程序是否能够达到设计目标，不仅要测试正常数据输入情况下，程序是否工作正常，还需要测试非正常数据输入情况下，程序是否工作正常。若程序工作不正常，就必须调试。

调试（Debugging）是一个找出程序中的问题并更正错误的过程。"调试"一词的由来有个说法：曾经有人在查找程序的错误时，使用计算机的电路图来跟踪信息的来源及其处理方式，竟然发现计算机程序出现错误，是因为一只虫子在计算机里，让里面的线路短路而发生的，后来，bug（虫子）这个词就成了程序错误的代名词。

8. Q：float代表何意？

A：float是floating-point的缩写形式，用来存储带有小数的数据。

9. Q：假设a和b均为int型变量，f为float型变量，下列输入语句错在哪儿？

(1) scanf("%d%d", a, b);

(2) scanf ("%d", &f);

(3) scanf ("%d\n", &a);

A：

(1) 第二和第三个参数类型错误，应为变量地址，故改为scanf("%d%d", &a, &b);。

(2) 数据输入格式与数据类型不匹配，应改为scanf ("%f", &f);。

(3) 格式控制串中多了'\n'，去掉即可。

10. Q：假设i和j为int型变量，x为float型变量，以下各种输出语句会出现什么问题？为什么？

(1) printf("%d %d\n", i);

(2) printf("%d\n", i, j);

(3) printf("%f %d\n", i, x);

A：

(1) 中格式符数量多于输出量,因此,先正确输出变量 i 的值,接着显示下一个(无意义的)整数值。

(2) 中格式符数量少于输出量,则会显示变量 i 的值,不会显示变量 j 的值。

(3) 中使用了不正确的格式符,程序只会简单地产生无意义的输出(如实地显示一个 float 值和一个 int 值,但都是无意义的)。

11. Q：1/2 和 1.0/2 的结果为什么不一样?

A：1/2 的结果为 0,1.0/2 的结果为 0.5。这是因为整数的除法运算和浮点数的除法运算规则不同,浮点数的除法运算会得出一个浮点数结果,而整数除法运算则产生一个整数结果。整数不能有小数部分,这使得整数除法结果的小数部分被丢弃,这个过程被称为截尾。这种整数除法的特性在处理某些问题时是很方便的。

实际上,计算 1.0/2 时,不能真正用整数去除浮点数,会将整数 2 转换为浮点数 2.0,进行一致类型的除法运算,得出浮点数结果。

12. Q：取余运算符%能用于浮点数吗? 负数能取余吗?

A：取余运算符%只能用于整数运算,不能将该运算符用于浮点数。如 13%5,结果为 3(13 除以 5,商为 2,余数为 3)。负数,取余运算的规则是：若第一个操作数为负数,则得到的余数也为负数,若第一个操作数为正数,则得到的余数也为正数,如－11%2,结果为－1；11%－2,结果为 1。

【实验内容】

1. 编写一个程序,用两个 printf()语句分别输出自己的名字及 email 地址,程序运行效果如图 1-6 所示。

2. 参考典型例题 2,将上一个练习修改成所有的输出只用一个 printf()语句。

3. 参考典型例题 3,利用转义字符,编写一个程序,输出文本和格式如图 1-7 所示。

```
张三  zhangsan@hotmail.com
```

图 1-6

```
He said,"hello, world!"
```

图 1-7

4. 输入 4 门课的成绩,计算 4 门课的总分和平均成绩。根据题意,分析如表 1-1 所示。

表 1-1

变量声明	声明 6 个浮点型变量：数学成绩、英语成绩、计算机应用基础成绩、体育成绩、总分、平均分。尽可能做到见名知义
输入数据	提示输入数据
	输入 4 门课的成绩,用','作间隔

续表

处理数据	计算总分
	计算平均分
输出数据	输出总分和平均分

```
#include <stdio.h>
int main()
{
  /* 变量声明 */

  /* 输入数据 */

  /* 处理数据 */

  /* 输出数据 */

  return 0;
}
```

5. 输入华氏温度F,将其转换为摄氏温度C输出。计算公式：$C=\frac{5}{9}(F-32)$。根据题意,分析如表1-2所示。

表 1-2

变量声明	声明两个浮点型变量：华氏温度、摄氏温度。尽可能做到见名知义
输入数据	提示输入数据
	输入华氏温度
处理数据	计算摄氏温度
输出数据	输出摄氏温度

```
#include <stdio.h>
int main()
{
  /* 变量声明 */

  /* 输入数据 */

  /* 处理数据 */

  /* 输出数据 */

  return 0;
}
```

6. 编写换币程序。实现的效果如图1-8所示。根据题意,分析如表1-3所示。

图 1-8

表 1-3

变量声明	
输入数据	
处理数据	
输出数据	

```
#include <stdio.h>
int main()
{
  /*变量声明*/

  /*输入数据*/

  /*处理数据*/

  /*输出数据*/

  return 0;
}
```

【课后练习】

1. 阅读程序,写出运行结果。

```
#include <stdio.h>
int main()
{
  int x = 5;
  int z, y = x;
  x = 10;
  z = x - 1;
  printf("%d, %d, %d\n", x, y, z);
  return 0;
}
```

2. 阅读程序,写出运行结果。

```
#include <stdio.h>
int main()
{
  int a, b, product;
  a = 30;
  b = 20;
  product = a * b;
  printf("a * b = %d\n", product);
  return 0;
}
```

3. 指出错误行，说明错误原因，并修改程序错误。

1）程序1

```
#include <stdio.h>
#define KMS_PER_MILE 1.609          //1 英里约为 1.609km

int main()
{
  float miles;

  //请输入英里
  printf("Please input miles:")
  scanf("%f",mile);

  //将英里转换为千米
  kms = KMS_PER_MILE * Miles;

  //显示结果
  printf("The equals of %d kilometers.\n",kms);
    return 0;
}
```

2）程序2

```
#include <stdio.h>
int main()
{
  int a, b, r;
  a = 3;
  b = 2;
  a + b = r;
  printf("a + b = %d\n", r);
  return 0;
}
```

4. 设计并编写一个程序，使其能够根据下列程序运行后的屏幕截图示例，求两个整数的和、差、积、商、余数。例如，输入数据24和5，输出结果如图1-9所示。

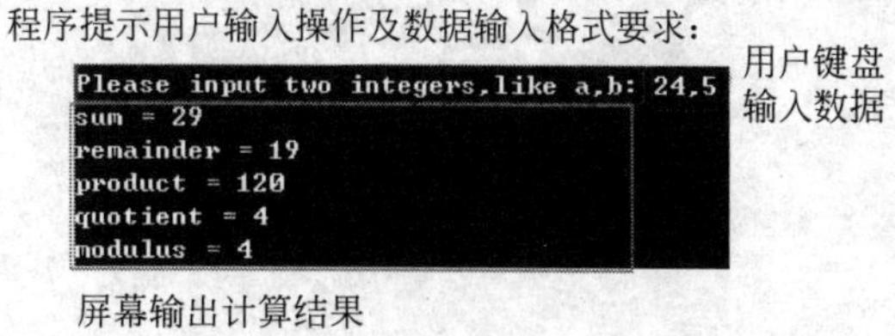

程序提示用户输入操作及数据输入格式要求：

```
Please input two integers,like a,b: 24,5
sum = 29
remainder = 19
product = 120
quotient = 4
modulus = 4
```

用户键盘输入数据

屏幕输出计算结果

图 1-9

要求：进行程序测试，包括正常数据和非正常数据。根据题意，分析如表1-4所示。

表 1-4

变量声明	
输入数据	
处理数据	
输出数据	

```
#include <stdio.h>
int main()
{
  /* 变量声明 */

  /* 输入数据 */

  /* 处理数据 */

  /* 输出数据 */

  return 0;
}
```

5. 张三同学到超市购物,采购物品为圆珠笔和笔记本两类。编程实现如图 1-10 所示的效果。根据题意,分析如表 1-5 所示。

```
输入圆珠笔数量和笔记本数量, 以空格为间隔符: 58 58
输入圆珠笔单价和笔记本单价, 以空格为间隔符: 2 4.5
张三采购了58支圆珠笔, 58本笔记本, 应付金额为377.000000元
```

图 1-10

表 1-5

变量声明	
输入数据	
处理数据	
输出数据	

```
#include <stdio.h>
int main()
{
  /* 变量声明 */

  /* 输入数据 */

  /* 处理数据 */

  /* 输出数据 */
```

```
    return 0;
}
```

6. 续上题，编程实现如图 1-11 所示的效果。根据题意，分析如表 1-6 所示。

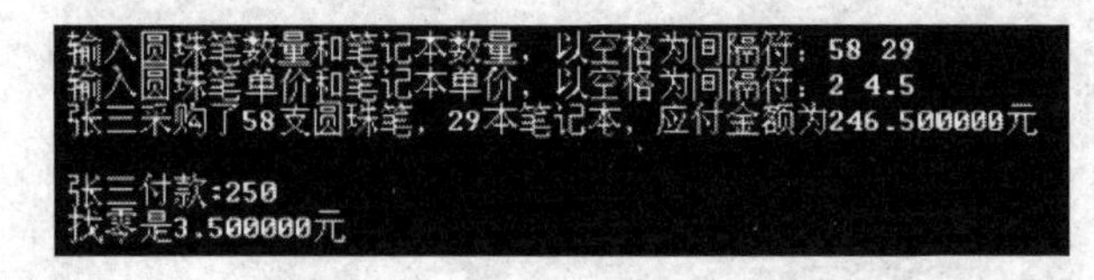

图 1-11

表 1-6

变量声明	
输入数据	
处理数据	
输出数据	

```
#include <stdio.h>
int main()
{
    /* 变量声明 */

    /* 输入数据 */

    /* 处理数据 */

    /* 输出数据 */

    return 0;
}
```

7. 编程实现两个整数的交换，效果如图 1-12 所示。根据题意，分析如表 1-7 所示。

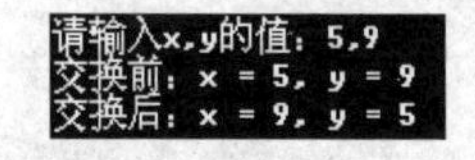

图 1-12

表 1-7

变量声明	
输入数据	
处理数据	
输出数据	

```
#include <stdio.h>
int main()
{
    /* 变量声明 */
```

```
    /* 输入数据 */

    /* 处理数据 */

    /* 输出数据 */

    return 0;
}
```

实验 2　顺序结构

【知识点回顾】

1. 数据类型

本次实验涉及的数据类型有双精度浮点型(double)、字符型(char)。

2. 运算符(本实验涉及的运算符有：复合赋值、自增自减、逗号、强制类型转换运算符)

(1) 复合赋值运算符。包括+=、-=、*=、/=、%=。

(2) 自增自减运算符++、--。又可分为前缀自增(减)、后缀自增(减)。

(3) 逗号运算符。一般形式为：表达式 1,表达式 2,…,表达式 n;。

(4) 强制类型转换运算符。一般形式为：(数据类型)变量或表达式。

3. 格式化输出函数

```
printf("control string",expression1,expression2, …);
```

第一个参数 control string 是由普通字符、格式控制符、转义字符组成的字符串。

(1) 普通字符。包括字母、数字、符号等,执行时照原样输出。

(2) 转义字符。以字符"\"开头,目前涉及的有：\n(回车符)、\t(制表符)、\"(双引号)、\\(右斜杠)、\a(蜂鸣)。

(3) 格式控制符。以字符"%"开头,本实验涉及的有：%±md、%±mc、%±m.nf。

4. 字符输入输出函数

1) 字符输入函数 getchar

功能：得到键盘输入的一个字符。

惯用形式：字符变量名=getchar()；效果等同于 scanf("%c",& 字符变量名);。

2) 字符输出函数 putchar

功能：在屏幕上输出一个字符。

惯用形式：putchar(字符变量或字符常量)；效果等同于 printf("%c",字符变量名);。

5. 算法和 NS 流程图

为解决某问题而采取的方法和步骤称为"算法"。算法解决程序"做什么"和"怎么做"。

顺序结构的 NS 流程图如图 2-1 所示。

输入数据
处理数据
输出数据

图　2-1

【典型例题】

1. 例题1,输入货号、单价、数量、购买日期,输出货号、单价、数量、总价、购买日期,程序运行效果如图2-2所示。

```
/* File: Exp1
本程序在运行时,要求用户输入货号、单价、数量、购买日期,程序运行后输出货号、单价、总价和购买日期。*/
#include <stdio.h>
int main()
{
  //变量声明
  int item,mm,dd,yy,amount;
  double total, price;

  //提示并输入数据
  printf("输入货号:");
  scanf("%d",&item);

  printf("输入购买日期(mm/dd/yyyy): ");
  scanf("%d/%d/%d",&mm,&dd,&yy);  //接收输入时采用'/'分隔

  printf("输入价格和数量:");           //提示用户输入数据
  scanf("%lf%d",&price,&amount);    //注: double数据使用"%lf"

  //计算总价
  total=price*amount;

  //输出表头信息,注意此处转义字符'\t'和'\n'的作用
  printf("货号\t单价\t总价\t购买日期\n");

  //输出货号、单价、总价、购买日期。注: 分隔符'\'输出前需用转义字符'\\'
  printf("%d\t%.2f\t%.2lf\t%d\\%d\\%d\n",item,price,total,mm,dd,yy);
  return 0;
}
```

```
输入货号:2356
输入购买日期(mm/dd/yyyy):   01/10/2010
输入价格和数量:3.56 8
货号    单价    总价     购买日期
2356    3.56    28.48    1\10\2010
Press any key to continue..._
```

图 2-2

2. 例题2,比较下列两个程序,运行结果如图2-3和图2-4所示。

```
/* File: Exp2-1
本程序用于观察x++和y++在表达式中的运算结果 */
#include <stdio.h>
int main()
{
  //变量声明
```

```
    int x = 2, y = 3, z;

    //计算：先 x，再 x++，再 y(即整个逗号表达式的值，也是赋给 z 的值)，再 y++
    z = (x++, y++);

    //输出
    printf("x = %d, y = %d, z = %d\n", x, y, z);
    return 0;
}
```

```
x=3,y=4,z=3
Press any key to continue...
```

图 2-3

```
/* File: Exp2 - 2
本程序用于观察++x 和++y 在表达式中的运算结果 */
#include <stdio.h>
int main()
{
    //变量声明
    int x = 2, y = 3, z;

    //计算：先++x，再 x，再++y，再 y(即整个逗号表达式的值，也是赋给 z 的值)
    z = (++x, ++y);

    //输出
    printf("x = %d, y = %d, z = %d\n", x, y, z);
    return 0;
}
```

```
x=3,y=4,z=4
Press any key to continue...
```

图 2-4

3. 例题 3，计算复合赋值表达式的值（复合赋值表达式与赋值表达式均为“右结合”）。

1) a *= a+3　a 的值等于 5

将表达式展开时赋值运算符右边的表达式要用括号括起来，得到展开后的表达式：

```
a = a * (a + 3)
```

运算顺序：先计算括号内表达式，a 的值为 5，表达式的值为 8。再计算 a=a*8，得到整个表达式的值 40，a 的值为 40。

2) a += a -= a *= a　　a 的值等于 5

将表达式展开：

```
a = a + (a = a - (a = a * a))
```

运算顺序：先计算内层括号表达式的值，表达式的值等于 25，此时变量 a 的值等于 25。再计算外层括号中的表达式，此时表达式的值等于 0，变量 a 的值也为 0。最后计算表达式 a=a+0，值为 0，a 的值为 0。**注意**：*在运算过程中变量 a 值的变化。*

4. 例题4,字符型数据的运算,程序效果如图2-5所示。

```
#include <stdio.h>
int main()
{
  //变量声明
  char myChar;

  //提示并输入数据
  printf("Please input a charactor between a and z: ");
  scanf("%c",  &myChar);

  //计算并输出
  printf("\t%c", --myChar);
  printf("\t%c", ++myChar);
  printf("\t%c\n",++myChar);
  return 0;
}
```

```
Please input a charactor between a and z: e
        d       e       f
```

图 2-5

【Q&A】

1. Q: v=v+2;表示何意?

A: 以数学的观点来看,它是荒唐的,但对于编程而言,它是正确的赋值语句。赋值语句先计算右侧表达式的值,意思是将v变量中的值读取出来,加2后,然后将右侧的计算结果赋给左值,即将结果写回到v变量中。

2. Q: 为char类型变量ch赋值如何操作?

A: 若有声明如char ch;则赋值操作予以示例说明如下。

(1) ch = 'A';　/*可以*/

(2) ch = 65;　/*可以,ASCII码表中对应字符'A',但这是一种不好的编程风格*/

(3) ch = A;　/*不可以,A将被认为是一个变量名*/

(4) ch = "A";　/*不可以,"A"被认为是一个字符串,不是一个字符*/

3. Q: 假设有double r;,如何将键盘输入的数据送给r?

A: scanf("%lf",&r);,注意,字母“l”表示long。

4. Q: 字符常量与字符串常量的主要区别是什么?

A: 区别主要有以下三点。

一是书写的不同。字符常量是由一对单引号括起来的单个字符;字符串则是一对双引号括起来的字符序列;如'A'是字符常量,"A"是字符串常量。

二是存储的不同。编译器对字符串常量自动在字符串常量的尾部加上一个转义字符'\0',作为字符串的结束标记;"A"比'A'多了一个结束标记,"A"的实际长度比'A'大1。

三是字符常量可以存放在字符型变量中,但C中没有字符串变量数据类型,需要对字符串常量进行存储时,需要借助于字符数组来实现。

5. Q: ++和--运算符对浮点数也适用吗?何时使用这样的自增自减运算符比较

合适？

A：++和--运算符对浮点数也适用，但是极少采用。如果企图一次使用太多的增量(减量)运算符，可能连自己都会被弄糊涂，因此不要太聪明。一般地，通过以下原则可以很容易地避免陷于困境。

(1) 若一个变量出现在同一个函数的多个参数中，不要对其使用增量(减量)运算符。

(2) 若一个变量多次出现在同一表达式中，不要对其使用增量(减量)运算符。

6. Q：假设有声明如 int m;，以下两行代码分别得到什么结果？

(1) m = 1.6 + 1.7;

(2) m = (int)1.6 +(int)1.7;

A：(1) 中使用了数据类型的自动转换，即隐式转换。首先 1.6 加 1.7 得到 3.3。然后这个数通过截尾取整得到整数 3 来匹配 m 这个整型变量。

(2) 中进行了显式类型转换，1.6 和 1.7 在相加之前分别进行截尾取整得到整数 1 和 1，然后再相加得到 2，赋给整型变量 m。这两个形式本质上没有哪个比另一个更准确，只有通过考虑具体编程问题的上下文才能判断哪一个更有意义。

7. Q：在格式化输出操作中，对于格式控制符有通用的规律吗？

A：一般地，"%-md"、"%-mc"、"%-m.nf"分别对应于整型数据、字符型数据、浮点型数据的格式输出。这里负号"-"对应左对齐输出，如果缺省则表示右对齐输出；m 表示数据占用的域宽，若设定的域宽 m 小于实际占用的域宽，则 m 无效；"%-m.nf"中的".n"表示保留 n 位小数输出。

【实验内容】

1. 输入一个大写字母，将其转换为对应的小写字母输出，效果如图 2-6 所示。根据题意，分析如表 2-1 所示。

表 2-1

变量声明	
输入数据	
处理数据	
输出数据	

```
#include <stdio.h>
int main()
{
  /* 变量声明 */

  /* 输入数据 */

  /* 处理数据 */

  /* 输出数据 */
```

请输入一个大写字符：R
对应小写字符为：r

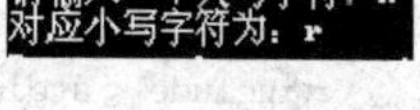

图 2-6

```
    return 0;
}
```

2. 输入一个字母,求出该字母的前驱和后继。屏幕上显示的效果如图 2-7 所示。根据题意,分析如表 2-2 所示。

表 2-2

变量声明	
输入数据	
处理数据	
输出数据	

```
#include <stdio.h>
int main()
{
  /* 变量声明 */

  /* 输入数据 */

  /* 处理数据 */

  /* 输出数据 */

  return 0;
}
```

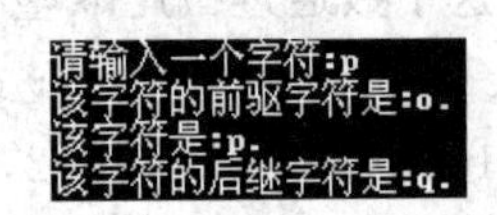

图 2-7

3. 输入一个不超过 127 的整数,试按字符型、十进制整型、十六进制整型、八进制整型分别输出该整数。程序运行效果如图 2-8 所示。根据题意,分析如表 2-3 所示。

请输入一个不超过127的整数: 68
字符: D 十进制: 68　　八进制: 104　　十六进制: 44

图 2-8

表 2-3

变量声明	
输入数据	
输出数据	

```
#include <stdio.h>
int main()
{
  /* 变量声明 */

  /* 输入数据 */

  /* 处理数据 */
```

```
    /* 输出数据 */

    return 0;
}
```

4. 编写程序，将用户输入的分钟时长转换成小时和分钟表示的时长，如输入 135，转换后输出 2 小时 15 分钟。程序运行效果如图 2-9 所示。根据题意，分析如表 2-4 所示。

表 2-4

变量声明	
输入数据	
处理数据	
输出数据	

```
#include <stdio.h>
int main()
{
    /* 变量声明 */

    /* 输入数据 */

    /* 处理数据 */

    /* 输出数据 */

    return 0;
}
```

```
请输入分钟数：135
2小时15分钟
```

图 2-9

5. 输入两个实数，求两数的和、差、积、商。程序运行效果如图 2-10 所示。根据题意，分析如表 2-5 所示。

表 2-5

变量声明	
输入数据	
处理数据	
输出数据	

```
#include <stdio.h>
int main()
{
    /* 变量声明 */

    /* 输入数据 */

    /* 处理数据 */

    /* 输出数据 */
```

```
输入两个数，以","作为间隔：68,12
68.00+12.00=80.00
68.00-12.00=56.00
68.00*12.00=816.00
68.00/12.00=5.67
```

图 2-10

```
    return 0;
}
```

6. 输入三角形的三条边 a,b,c,不考虑三边输入是否合理,试计算三角形的面积 s。程序运行效果如图 2-11 所示。根据题意,分析如表 2-6 所示。

提示:计算公式为 $p=\frac{a+b+c}{2}$,$s=\sqrt{p\times(p-a)\times(p-b)\times(p-c)}$。另外,根号运算可使用 math.h 库函数中的 sqrt 函数。

表 2-6

变量声明	
输入数据	
处理数据	
输出数据	

```
#include <stdio.h>
#include <math.h>
int main()
{
  /* 变量声明 */

  /* 输入数据 */

  /* 处理数据 */

  /* 输出数据 */

  return 0;
}
```

```
请输入三条边长, 如a,b,c: 3,4,5
面积为6.00
```

图 2-11

【课后练习】

1. 假设有声明如 char c; 要求输入一个字符,送入 c 中,试用两种不同的方法实现。如要求向屏幕输出 c 中的字符,也尝试两种不同的方法。

2. 求值。

(1) 设 float x=2.5, y=4.7; int a=7;,求 x + a % 3 * (int)(x + y) % 2 / 4 的值为________。

(2) 设 int a=2, b=3; float x=3.5, y=2.5;,求(float)(a + b) / 2 + (int) x % (int) y 的值为________。

(3) 设 int a=12; a += a;,求 a 的值为________。

(4) 设 int a=12; a -=2;,求 a 的值为________。

(5) 设 int a=12; a *= 2 +3;,求 a 的值为________。

(6) 设 int a=12; a /= a + a;,求 a 的值为________。

(7) 设 int a=12, n=5; a %= (n %= 2);,求 a 的值为________。

(8) 设 int a=12; a += a -= a *= a;,求 a 的值为________。

3. 阅读程序,写出运行结果。

```
#include <stdio.h>
int main( )
{
  int i, j, m, n;
  i = 9;
  j = 10;
  m = ++i;
  n = j--;
  printf("i = %d, j = %d, m = %d, n = %d\n", i, j, m, n);
  return 0;
}
```

4. 阅读程序,写出运行结果。

```
#include <stdio.h>
int main()
{
  char c1, c2;
  int diff;
  float num;

  c1 = 'S';
  c2 = 'O';
  diff = c1 - c2;
  num = diff;
  printf("%c%c%c: %d %3.2f\n",c1,c2,c1,diff,num);
  return 0;
}
```

5. 输入学生张三的三门课程成绩,求总分和平均分。程序运行效果如图 2-12 所示。根据题意,分析如表 2-7 所示。

表 2-7

变量声明	
输入数据	
处理数据	
输出数据	

```
输入三门课成绩, 以","作为间隔: 91,89,93
张三的成绩单:
-------------------------------------------
数学    英语    计算机   总分    平均分
91.0    89.0    93.0    273.0   91.0
```

图 2-12

```
#include <stdio.h>
int main()
{
  /*变量声明*/
```

```
    /* 输入数据 */

    /* 处理数据 */

    /* 输出数据 */

    return 0;
}
```

6. 输入一个两位整数,如58。试用算术运算分离出个位数字8和十位数字5,并将其颠倒组合成为一个新的两位整数85。程序运行效果如图2-13所示。根据题意,分析如表2-8所示。思考:如果是三位数呢?更多位呢?

表 2-8

变量声明	
输入数据	
处理数据	
输出数据	

```
#include <stdio.h>
int main()
{
    /* 变量声明 */

    /* 输入数据 */

    /* 处理数据 */

    /* 输出数据 */

    return 0;
}
```

```
Please input an integer between 10 and 99: 58
oldVal = 58, newVal = 85
Press any key to continue...
```

图 2-13

7. *输入一个百分制成绩,将其转换为11级等分制输出。100分为A级,90~99为B级,80~89为C级,……,10~19为J级,0~9为K级。程序运行效果如图2-14所示。根据题意,分析如表2-9所示。

表 2-9

变量声明	
输入数据	
处理数据	
输出数据	

```
输入成绩:82
成绩 82.0 转换为等级是 C
```

图 2-14

```
#include <stdio.h>
```

```
int main()
{
  /* 变量声明 */

  /* 输入数据 */

  /* 处理数据 */

  /* 输出数据 */

  return 0;
}
```

实验3　分支结构

【知识点回顾】

1. 运算符

本实验涉及的运算符有：关系运算符、逻辑运算符、条件运算符。

(1) 关系运算符。包括＞、＜、＞=、＜=、==、!=。

(2) 逻辑运算符。包括!、&&、‖。

(3) 条件运算符。一般形式为：判断条件？表达式1:表达式2;。

2. 运算符小结

(1) 优先级。

!＞算术运算符＞关系运算符＞&&＞‖＞条件运算符＞赋值运算符＞逗号运算符

也可细化为：

(!、++、--)＞(*、/、%)＞(+、-)＞(＞、＜、＞=、＜=)＞(==、!=)＞(&&)＞(‖)＞(?:)＞(=)＞(,)

(2) 运算对象，如表3-1所示。

表　3-1

单目运算符	!、++、--、(数据类型)
三目运算符	?:
双目运算符	其他运算符

(3) 结合律，如表3-2所示。

表　3-2

自右向左	单目运算符、三目运算符、赋值运算符
自左向右	其他运算符

3. 选择结构常见形式

(1) 利用条件运算符(?:)实现。

惯用形式：判断条件？表达式1:表达式2;。

(2) 利用if…else实现，如表3-3所示。

表　3-3

惯用形式	流程图

惯用形式 1：
if(判断条件 1)
{
　　语句块 1;
}
	表达式为真?
	真(非0)
	假(0)
	语句块

惯用形式 2：
if(判断条件)
{
　　语句块 1;
}
else
}
　　语句块 2;
}
	表达式为真?
	真
	假
	语句块1
	语句块2

惯用形式 3：
if(判断条件 1)
{
　　语句块 1;
}
else if (判断条件 2)
{
　　语句块 2;
}
…
else if(判断条件 n)
{
　　语句块 n;
}
else
{
　　语句块 n + 1;
}
	表达式1为真?
	假
	真
	表达式2为真?
	假
	真
	表达式3为真?
	假
	真
	表达式4为真?
	假
	真
	语句块1
	语句块2
	语句块3
	语句块4
	语句块5

(3) 利用 switch…case 实现,如表 3-4 所示。

表 3-4

```
switch(变量或表达式)
{
    case 常量 1: 语句块 1;
    case 常量 2: 语句块 2;
    …
    case 常量 n: 语句块 n;
    default: 语句块 n+1;
};
```

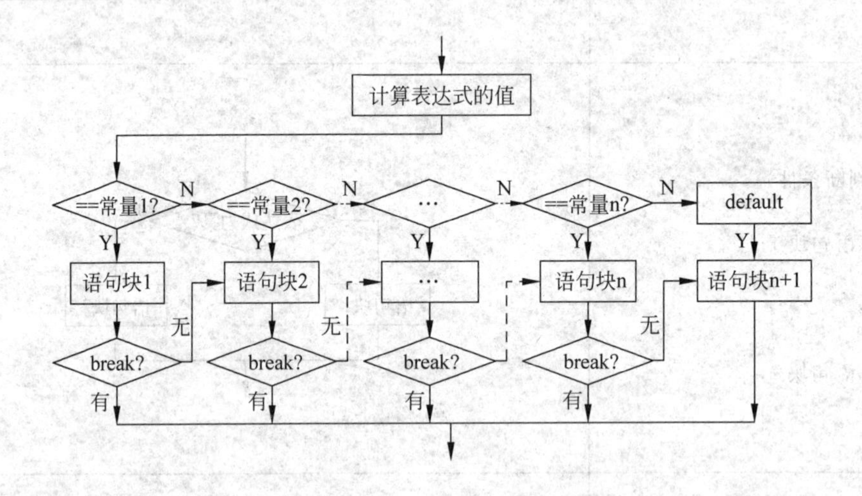

【典型例题】

1. 例题 1,水费问题。水费采用如下阶梯计价模式。

阶梯一:用水量 20 千加仑以内(含 20),每一千加仑 1.10 美元。

阶梯二:超过 20 加仑,但不超过 40 千加仑的部分,每一千加仑 1.50 美元。

阶梯三:超过 40 千加仑以上的部分,每一千加仑 2.00 美元。

用量从最近水表读数和前一抄表周期末的读数计算得到。效果如图 3-1 所示。

```
Please enter previous and current meter reading,like a b: 200 275

Level1 charge = $22.00

Level2 charge = $30.00

Level3 charge = $70.00

Total due = $122.00
```

图 3-1

分析:

阶梯用量水费必须计算。为了得到计算结果,必须知道以前和现在的水表读数(问题输入)。得到这些数据后,可以通过水表读数的差值来计算用水总量,按照阶梯分别乘以各阶梯的费用(程序常量$1.10,$1.50,以及$2.00)来计算用量水费。根据题意,分析如表 3-5 所示。

表 3-5

定义常量	阶梯 1 水费标准,阶梯 2 水费标准,阶梯 3 水费标准,阶梯限量额度
变量声明	上期水表读数,本期水表读数,用水量,阶梯 1 用水量,阶梯 2 用水量,阶梯 3 用水量,水费
输入	上期水表读数,本期水表读数
计算	阶梯用量水费和总水费
输出	阶梯用量水费和总水费

if…else…版本实现如下。

```
#include <stdio.h>

//常量定义
#define LEVEL1_CHG 1.10                              //阶梯 1 收费标准
#define LEVEL2_CHG 1.50                              //阶梯 2 收费标准
#define LEVEL3_CHG 2.00                              //阶梯 3 收费标准
#define LEVEL_COUNT 20                               //阶梯额度(千加仑)

int main()
{
  //变量定义
  int previous;                                      //上期水表读数
  int current;                                       //本期水表读数
  int used;                                          //用水量
  double level1_charge;                              //阶梯 1 水费
  double level2_charge;                              //阶梯 2 水费
  double level3_charge;                              //阶梯 3 水费
  double use_charge;                                 //用量水费

  //输入
  printf("Please enter previous and current meter reading,like a b: ");
  scanf("%d %d",&previous, &current);                //输入水表读数

  //计算
  used = current - previous;                         //计算用水量
  if(used>40)
  {
      level3_charge = (used - 40) * LEVEL3_CHG;      //阶梯 3 水费
      level2_charge = LEVEL_COUNT * LEVEL2_CHG;      //阶梯 2 水费
      level1_charge = LEVEL_COUNT * LEVEL1_CHG;      //阶梯 1 水费
  }
  else if(used > 20)
  {
      level3_charge = 0;//阶梯 3 水费
      level2_charge = (used - 20) * LEVEL2_CHG;      //阶梯 2 水费
```

```
        level1_charge = LEVEL_COUNT * LEVEL1_CHG;          //阶梯1水费
    }
    else
    {
        level3_charge = 0;                                  //阶梯3水费
        level2_charge = 0;                                  //阶梯2水费
        level1_charge = used * LEVEL1_CHG;                  //阶梯1水费
    }
    use_charge = level1_charge + level2_charge + level3_charge;       //计算用量水费

    //输出
    printf("\nLevel1 charge =  $ %.2f\n",level1_charge);
    printf("\nLevel2 charge =  $ %.2f\n",level2_charge);
    printf("\nLevel3 charge =  $ %.2f\n",level3_charge);
    printf("\nTotal due =  $ %.2f\n",use_charge);  return 0;
    return 0;
}
```

2. 例题2,上题的switch版本实现如下。

```
#include <stdio.h>

//常量定义
#define LEVEL1_CHG 1.10                                    //阶梯1收费标准
#define LEVEL2_CHG 1.50                                    //阶梯2收费标准
#define LEVEL3_CHG 2.00                                    //阶梯3收费标准
#define LEVEL_COUNT 20                                     //阶梯额度(千加仑)

int main()
{
    //变量声明
    int previous;                                          //上期水表读数
    int current;                                           //本期水表读数
    int used;                                              //用水量
    double level1_charge = 0;                              //阶梯1水费
    double level2_charge = 0;                              //阶梯2水费
    double level3_charge = 0;                              //阶梯3水费
    double use_charge;                                     //用量水费

    //输入
    printf("Please enter previous and current meter reading,like a b: ");
    scanf("%d %d",&previous, &current);                   //输入水表读数

    //计算
    used = current - previous;                             //计算用水量
    switch(used/20)
    {
    case 0:
        level3_charge = 0;                                 //阶梯3水费
        level2_charge = 0;                                 //阶梯2水费
        level1_charge = used * LEVEL1_CHG;                 //阶梯1水费
```

```
        break;
    case 1:
        level3_charge = 0;                              //阶梯 3 水费
        level2_charge = (used - 20) * LEVEL2_CHG;       //阶梯 2 水费
        level1_charge = LEVEL_COUNT * LEVEL1_CHG;       //阶梯 1 水费
        break;
    default:
        level3_charge = (used - 40) * LEVEL3_CHG;       //阶梯 3 水费
        level2_charge = LEVEL_COUNT * LEVEL2_CHG;       //阶梯 2 水费
        level1_charge = LEVEL_COUNT * LEVEL1_CHG;       //阶梯 1 水费
    }
    use_charge = level1_charge + level2_charge + level3_charge;     //计算用量水费

    //输出
    printf("\nLevel1 charge =  $ %.2f\n",level1_charge);
    printf("\nLevel2 charge =  $ %.2f\n",level2_charge);
    printf("\nLevel3 charge =  $ %.2f\n",level3_charge);
    printf("\nTotal due =  $ %.2f\n",use_charge);  return 0;
    return 0;
}
```

【Q&A】

1. Q：假设有 float x，其取值范围落在区间(2,3)，那么用 2＜x＜3 表示可以吗？另外，它和 3＞x＞2 等价吗？

A：以数学的观点来看，以上区间表示和两个不等式表示的含义是等价的，但对于编程而言，它却是不等价且不正确的表述。

不妨假设 x 的值为 2.5，对于表达式 2＜x＜3，根据关系运算符的运算顺序，首先判定 2＜2.5 为真，即运算结果为 1，而 1＜3 运算结果也为真，即整体表达式的运算结果为真，即 1。如果假设此时 x 的值为 5 呢？该运算结果仍然为 1。

对于表达式 3＞x＞2，根据关系运算符的运算顺序，首先判定 3＞2.5 为真，即运算结果为 1，而 1＞2 运算结果为假，即整体表达式的运算结果为假，即 0。

由此可见，这两种表述方式不等价，且不正确。在编程时，若需要表述变量 x 的取值区间，应使用正确的表述方式：x＞2&&x＜3。

2. Q：假设有以下程序片段，将输出什么结果？为什么？

```
int a = 1,b = 1,c = 1,d;
d= a--  || b--  || --c;
printf(" %d%d%d%d",a,b,c,d);
```

A：程序将输出 0111 的结果。注意到‖关系运算符有简便运算的规则，即“表达式 1‖表达式 2”中，若表达式 1 的运算结果为逻辑真，则整个表达式运算结果就一定为真，此时，表达式 2 无须运算了。因此表达式 a－－首先参与混合运算，a 值非零，因此该项运算结果为逻辑真，然后 a 自减为 0，由于该项为真，导致整体表达式结果为真，即 d 为 1，因此后两项表达式 b－－和－－c 都无须参与运算了，故而 b,c 保持原值未动，因此输出 0111 的结果。

3. Q：如何防止出现 if(x=10)这样的错误？

A：C语言的判等运算符是==。可很多程序员仍然会犯该错误，一个经常采用的办法是写成 if(10==x)，这样，如果写成了 if(10=x)编译器就会报错了(常量不允许作赋值运算的左值)。

4. Q：以下程序片段已经采用了缩进的风格，为何还是无法编译通过呢？

```
if(x > 0)
    sum += x;
    printf("Greater than zero!\n");
else
    printf("Less than or equal to zero!\n");
```

A：这是编程新手常见的问题。if 分支结构如果未加花括号，则默认有效范围为一条语句，因此程序认为分支结构在 sum+=x;语句之后结束。printf("Greater than zero!\n");语句不是分支结构中处理的语句，同时，else 没有可以匹配的 if 语句而出现语法错误。

从程序上下文语境来看，应当加花括号，改为：

```
if(x > 0)
{
    sum += x;
    printf("Greater than zero!\n");
}
else
    printf("Less than or equal to zero!\n");
```

5. Q：何谓“悬空 else”问题？

A：考虑如下例子：

```
if(y != 0)
    if(x != 0)
      result = x/y;
else
    printf("Error: y is equal to 0!\n");
```

上面的 else 子句究竟属于哪一个 if 语句呢？缩进风格暗示它属于最外层的 if 语句，然而，C语言遵循的语法规则却认为它属于离它最近的且还未和其他 else 匹配的 if 语句，因此本例中，else 子句实际上属于最内层的 if 语句。如下所示：

```
if(y != 0)
    if(x != 0)
      result = x/y;
    else
      printf("Error: y is equal to 0!\n");
```

而要实现原来的缩进格式的匹配，则程序应修改为如下所示：

```
if(y != 0)
{
    if(x != 0)
      result = x/y;
```

```
}
else
    printf("Error: y is equal to 0!\n");
```

6. Q：如果 char color ='B';则下列语句将会输出什么信息?

```
switch(color)
{
case 'R':
    printf("Red ");
case 'B':
    printf("Blue ");
case 'Y':
    printf("Yellow\n");
}
```

A：该程序片段将在屏幕上输出 Blue Yellow 的信息。这是由于相应的 case 结构匹配成功输出了 Blue 之后,缺乏 break 语句,于是后续 case 分支的内容也都连续输出了。如果仅需要输出对应的信息即可,则需要在各个 case 条件的输出语句之后添加 break;语句来结束分支结构。

7. Q：有了 if 语句为何还要 switch 语句?

A：嵌套的 if 语句完全可以实现多路分支选择的功能,但当嵌套的层数较多时,程序变得冗长,可读性变得较差,引入 switch,可使程序清晰明了,减少一些嵌套错误。

8. Q：switch 语句中必须使用 default 分支吗?

A：从语法上,该分支不是必需的,但最好在 switch 的尾部使用 default 分支,这样可使 case 分支没有处理的情况都在该分支中进行处理,避免发生被遗漏的情况,也有助于程序的出错处理。

9. Q：浮点型变量能使用比较运算符"=="进行比较运算吗?

A：浮点型变量比较使用"=="比较大小的确不可靠,计算机使用的浮点数存储一般为近似表示,都受到精度限制,一定要避免浮点数与字面常量的判等比较。应将其转换为两值之差落在一定的精度范围之内,认为其值相等,形如 if((x-y)>=-EPSILON && (x-y)<=EPSILON)(其中 EPSILON 为允许的误差,即精度)。

【实验内容】

1. 设计程序,计算分段函数的值。程序运行效果如图 3-2 和图 3-3 所示。根据题意,分析如表 3-6 所示。

$$y = f(x) = \begin{cases} \dfrac{1}{x} & x < 0 \\ 2x & x \geqslant 0 \end{cases}$$

输入x值: 3.5
y = 7.00

图 3-2

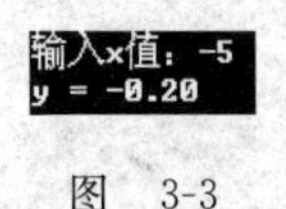

图 3-3

表 3-6

变量声明	
输入数据	
处理数据 (分支结构)	
输出数据	

```
#include <stdio.h>
int main()
{
  /* 变量声明 */

  /* 输入数据 */

  /* 处理数据 */

  /* 输出数据 */

  return 0;
}
```

2. 输入三角形的三条边 a,b,c,考虑三边输入是否能够构成三角形,试计算三角形的面积 s。程序运行效果如图 3-4 和图 3-5 所示。根据题意,分析如表 3-7 所示。

```
Please input three edges here: 1 2 3
Sorry, this is not a triangle.
Press any key to continue...
```

图 3-4

```
Please input three edges here: 3 4 5
Area of triangle is : 6.00
Press any key to continue...
```

图 3-5

表 3-7

变量声明	
输入数据	
处理数据 (分支结构)	
输出数据	

```
#include <stdio.h>
int main()
{
  /* 变量声明 */

  /* 输入数据 */

  /* 处理数据 */

  /* 输出数据 */
```

```
    return 0;
}
```

3. 下面是用于测量风力的蒲福风力等级的简单版本，编写一个程序，要求输入风速(按照海里/小时)，然后根据表3-8显示相应的描述。另外，关于程序的测试，请列举采用了哪些数据验证程序是否正确。根据题意，分析如表3-9所示。

表 3-8

速率(海里/小时)	描　述	速率(海里/小时)	描　述
小于1	Calm(无风)	28～47	Gale(大风)
1～3	Light air(轻风)	48～63	Storm(暴风)
4～27	Breeze(微风)	大于63	Hurricane(飓风)

表 3-9

变量声明	
输入数据	
处理数据(分支结构)	
输出数据	

```
#include <stdio.h>
int main()
{
    /* 变量声明 */

    /* 输入数据 */

    /* 处理数据 */

    /* 输出数据 */

    return 0;
}
```

4. 请输入一个字母，转换该字母的大小写状态，即输入若是b，输出B，若输入C，则输出c，试完成程序设计。效果应如图3-6和图3-7所示。根据题意，分析如表3-10所示。

```
please enter a character:b
Afer transformation:B.
```

图 3-6

```
please enter a character:C
Afer transformation:c.
```

图 3-7

表 3-10

变量声明	
输入数据	

续表

处理数据 (分支结构)	
输出数据	

```
#include <stdio.h>
int main()
{
  /* 变量声明 */

  /* 输入数据 */

  /* 处理数据 */

  /* 输出数据 */

  return 0;
}
```

5. 编写一个程序,要求用户输入24h制的时间,然后显示12h制的格式,如输入15:45,转换后应输出3:45 PM。注意不要把12:00显示成0:00。如图3-8和图3-9所示。根据题意,分析如表3-11所示。

```
please enter a 24-hour time:12:00
equivalent 12-hour time:12:00 AM.
```

图 3-8

```
please enter a 24-hour time:12:01
equivalent 12-hour time:12:01 PM.
```

图 3-9

提示:

(1) 两位数显示整数,不足两位补零的格式控制符为%02d。

(2) 12:00之前(包含12:00)均为上午,12:01之后为下午。

表 3-11

变量声明	
输入数据	
处理数据 (分支结构)	
输出数据	

```
#include <stdio.h>
int main()
{
  /* 变量声明 */

  /* 输入数据 */

  /* 处理数据 */
```

```
    /* 输出数据 */

    return 0;
}
```

【课后练习】

1. 关系表达式的运算结果是________值。C语言没有逻辑型数据，以________代表"真"，以________代表"假"。$-3<-1<0$ 的运算结果为________，$3>2>1$ 的运算结果为________。因此，判断变量 x 是否落在[2,7]区间的表达式应表示为________。

2. 若在分支结构程序中，有如下程序片断，则当 x 输出 2 时，a 的取值范围为________。

```
if(a<0)
    x=-1;
else if(a<3)
    x=2;
else
    x=5;
```

3. C语言提供的三种逻辑运算符是________、________、________。其中优先级最高的为________，优先级最低的为________。

4. 构造一个表达式来表示下列条件。

(1) number 等于或大于 50，但是小于 80 ________。

(2) ch 不是字符 q，也不是字符 k ________。

(3) number 介于 1 到 9 之间(包括 1 和 9)，但是不等于 5 ________。

(4) number 不在 1 和 9 之间________。

(5) number 是大写字母________。

(6) number 是小写字母________。

(7) number 是字母________。

(8) number 是数字字符________。

5. 阅读程序，写出运行结果。

```
#include <stdio.h>
int main()
{
  int x, y=-2, z;

  if((z=y)<0)
      x=4;
  else if(y==0)
      x=5;
  else
      x=6;
  printf("%d\t%d\n", x, z);

  if(z=(y==0))
```

```
        x = 5;
    x = 4;
    printf(" %d\t %d\n", x, z);

    if(x = z = y)
        x = 4;
    printf(" %d\t %d\n", x, z);

    return 0;
}
```

6. 编写程序，将输入的百分制成绩转换成为5级等级制成绩并输出。即90分以上(含90分)为优，80分以上为良，70分以上为中，60分以上为及格，0～59分为不及格。

7. 编写程序，以笛卡儿平面上的一个点的坐标作为输入，打印出该点在圆上、圆内，还是圆外。如(－1.0，－2.5)在圆$(x-1)^2+y^2=1$(半径为1，圆心在(1,0)的圆)之外。

8. * 输入一个两位数，显示其英文单词，如输入35，显示thirty-five，如图3-10～图3-12所示。

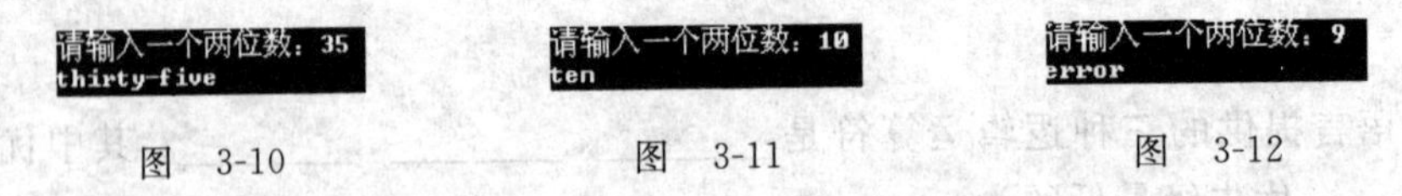

图 3-10　　图 3-11　　图 3-12

提示：将两位数分解成两个数字，用switch语句显示第一位数字的对应单词，第二个switch语句显示第二位数字对应的单词。不要忘记11～19有特殊处理要求。

实验4-1 循环结构

【知识点回顾】

1. while 循环结构常见形式

(1) 语法格式如表 4-1-1 所示。

表 4-1-1

<table>
<tr>
<td><pre>循环控制变量初始化
while(判断条件)
{
      循环体语句块
      修改循环控制变量
}</pre></td>
<td><pre>init
while(test)
{
      statements
      step
}</pre></td>
</tr>
</table>

(2) 无限循环惯用法：while(1)。

2. for 循环结构

(1) 语法格式如表 4-1-2 所示。

表 4-1-2

<table>
<tr>
<td><pre>for(循环控制变量初始化;判断条件;修改循环控制变量)
{
      循环体语句块
}</pre></td>
<td><pre>for(init; test; step)
{
      statements
}</pre></td>
</tr>
</table>

(2) 无限循环惯用法：for(;;)。

3. 循环结构的程序流程图

如图 4-1-1 所示。

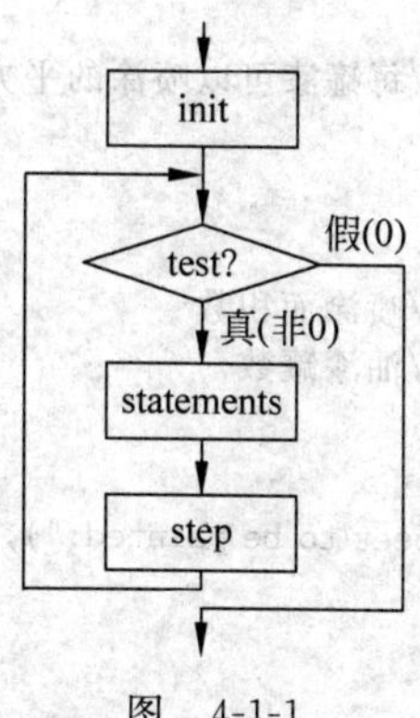

图 4-1-1

【典型例题】

1. 例题1,对照表4-1-3同一个程序相同运行效果的两种表述方式,运行效果如图4-1-2所示。

表 4-1-3

#include <stdio.h>
void main()
{
  char c;
  printf("enter a string: ");
//请注意对键盘输入字符的逐字符处理方式
  while((c=getchar())!='\n')
  {
    putchar(c);
  }
  putchar('\n');
}
	#include <stdio.h>
	void main()
	{
	  char c;
	  printf("enter a string: ");
	  c=getchar(); //init
	  while(c!='\n') //test
	  {
	    putchar(c); //statement
	    c=getchar(); //step
	  }
	  putchar('\n');
	}

```
enter a string: c programming
c programming
```

图 4-1-2

说明:本程序的解读在于上述左侧程序应用了设计技巧,将init和step都融入了test中,使得test不容易理解,如果还原为while循环结构的标准形式,则如上述右侧程序,这样,程序结构更加清晰易懂。

2. 例题2,设计喷漆用量的程序用例,用于计算对于给定平方英尺的面积涂油漆,全部涂完需要多少罐油漆。运行效果如图4-1-3所示。

分析:如果知道要喷涂面积的平方英尺数,除以每罐漆能够喷涂的平方英尺数即可。但是需注意,如果计算结果是浮点数会怎样呢,如2.6罐?商店只能整罐出售,不拆开卖,所以必须购买三罐。因此需要注意程序如果得到非整数结果应该进1。可以使用条件运算符处理这种情况。

```
Enter number of square feet to be painted:150
You need 1 can of paint.
Enter next value(-1 to quit):230
You need 2 cans of paint.
Enter next value(-1 to quit):690
You need 4 cans of paint.
Enter next value(-1 to quit):-1
```

图 4-1-3

```
#include<stdio.h>
#define COVERAGE 200                  //每罐漆可以喷涂的平方英尺数
int main()
{
  //变量声明
  int sq_feet;                        //喷涂面积数
  int cans;                           //油漆罐数

  //输入数据,同时作为 init
  printf("Enter number of square feet to be painted:");
  scanf("%d", &sq_feet);
```

```
    //test: 当用户键盘输入喷涂面积数不为-1时
    while(sq_feet! = -1)
    {
        //statements: 计算油漆罐数并考虑非整数罐的处理
        cans = sq_feet/COVERAGE;
        cans += (sq_feet % COVERAGE == 0 ) ? 0 : 1;
        printf("You need %d %s of paint.\n",cans, cans == 1 ? "can" : "cans");

        //step: 输入的喷涂面积数
        printf("Enter next value( -1 to quit):");
        scanf("%d", &sq_feet);
    }
    return 0;
}
```

3. 例题3，用分支、选择结构编写屏幕菜单，通过对菜单的选择完成四则运算。

```
#include <stdio.h>
int main()
{
    //声明变量
    int a,b,choice;

    //在屏幕上显示用户菜单
    printf("                    My Menu\n");
    printf("------------------------------------------\n");
    printf("|   1: Inout two integers               |\n");
    printf("|   2: Output two integers              |\n");
    printf("|   3: a+b                              |\n");
    printf("|   4: a-b                              |\n");
    printf("|   5: a*b                              |\n");
    printf("|   6: a/b                              |\n");
    printf("|   7: a%%b                             |\n");
    printf("|   0: Exit!                            |\n");
    printf("------------------------------------------\n");

    //提示用户选择菜单项
    printf("Please input your choice(0-7):");
    scanf("%d",&choice);

    //以下是技巧: choice不为0则循环供用户对菜单进行多次选择; 为0则退出菜单
    while(choice)
    {
        switch(choice)//菜单选择
        {
        /*choice==1,用户通过键盘输入两个操作数*/
        case 1:
          printf("Please input two integers(like a,b):");
          scanf("%d,%d",&a,&b);
          break;
```

```
      /* choice == 2,将用户通过键盘输入的两个操作数输出到屏幕 */
      case 2:
        printf("Two integers are %d and %d\n",a,b);
        break;

      /* choice == 3,实现两个操作数相加运算 */
      case 3:
        printf("%d + %d = %d\n",a,b,a+b);
        break;

      /* choice == 4,实现两个操作数相减运算 */
      case 4:
        printf("%d - %d = %d\n",a,b,a-b);
        break;

      /* choice == 5,实现两个操作数相乘运算 */
      case 5:
        printf("%d * %d = %d\n",a,b,a*b);
        break;

      /* choice == 6,实现两个操作数相除运算 */
      case 6:
        if(b == 0)//判断除数是否为零,若是,则输出出错信息
          printf("Error:Div/0!\n");
        else
          printf("%d / %d = %d\n",a,b,a/b);
        break;

      /* choice == 7,实现两个操作数求余运算 */
      case 7:
        if(b == 0)
          printf("Error:Div/0!\n");
        else
          printf("%d %% %d = %d\n",a,b,a%b);
        break;

      //选择<0或>8,则提示输入错误
      default:
        printf("Error choice!\n");
      }

      //提示选择屏幕菜单
      printf("Please input your choice:");
      scanf("%d",&choice);
    }
  return 0;
}
```

程序运行效果如图 4-1-4 所示。

```
                    My Menu
-------------------------------------------------
|    1: Inout two integers                      |
|    2: Output two integers                     |
|    3: a+b                                     |
|    4: a-b                                     |
|    5: a*b                                     |
|    6: a/b                                     |
|    7: a%b                                     |
|    0: Exit!                                   |
-------------------------------------------------
Please input your choice(0-7):1
Please input two integers(like a,b):3,5
Please input your choice:2
Two integers are 3 and 5
Please input your choice:3
3 + 5 = 8
Please input your choice:4
3 - 5 = -2
Please input your choice:5
3 * 5 = 15
Please input your choice:6
3 / 5 = 0
Please input your choice:7
3 % 5 = 3
Please input your choice:0
Press any key to continue
```

图 4-1-4

【Q&A】

1. Q：两种循环结构分别适用于哪种情况？

A：一般情况下，两者的适用情况没有区别，能使用 for 循环实现的结构也能使用 while 循环结构实现。

2. Q：考虑如表 4-1-4 所示左侧代码，该代码不停地打印"Hello"。为什么？

表　4-1-4

index = 1;
while(index < 5)
  printf("Hello!");
  index++;
	index = 1;
	while(index < 5)
	{
	  printf("Hello!");
	  index++;
	}

A：这是因为程序员虽然使用了缩进风格排版，但却遗漏了重要的花括号。编译器解读该循环结构时，并未将最后一句 index++；作为循环控制的一部分来处理，造成 index 没有机会被修改，程序一直无限循环，即死循环。将上述左侧代码按照表 4-1-4 右侧进行修改，则程序正确运行。

3. Q：while((c=getchar())!='\n')是何意？

A：当用户输入一串字符数据时，本结构用于一次一个的处理字符信息，即逐字符处理数据信息。getchar()函数用于读取一个字符，c=getchar()则将读取的一个字符送入字符变量 c 中，接下来判别字符变量 c 中保存的信息是否是'\n'，如果不是，则进入循环，如果是，则结束循环。

4. Q：表 4-1-5 左侧程序片段希望打印输出 x 到 x+5 之间的整数值，为何无法正常结束？

表　4-1-5

int x;
printf("enter a integer:");
scanf("%d",&x);
while(x < x + 5)
{
  printf("%4d",x);
  x++;
}
	int x,y;
	printf("enter a integer:");
	scanf("%d",&x);
	y = x + 5;
	while(x < y)
	{
	  printf("%4d",x);
	  x++;
	}

A：注意表 4-1-5 中左侧程序片段在循环控制中，随着 x 的变化，表达式 x+5 的值也会随之变化，这时，表达式 x<x+5 为永真，因此陷入死循环。应改为 x 输入时，就确定 x+5 的值，并保存在另一变量中，如表 4-1-5 右侧程序即可。

【实验内容】

1. 编写一个程序,此程序要求输入一个整数,然后打印出从输入值到比输入值大10的所有整数值,如图4-1-5所示。根据题意,分析如表4-1-6所示。

表 4-1-6

声明变量		输入的整数,上界值(比输入值大10)
数据输入处理输出循环结构	初始化(init)	提示用户输入并提取输入的整数
	判断条件(test)	判断整数变量值是否小于上界值
	计算处理(statements)	打印输出该整数(注意控制输出间距)
	步长(step)	修改该数值增1

```
#include <stdio.h>
int main()
{
  /*变量声明*/

  /*输入数据*/

  /*处理数据*/

  /*输出数据*/

  return 0;
}
```

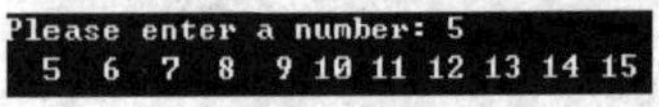

```
Please enter a number: 5
  5  6  7  8  9 10 11 12 13 14 15
```

图 4-1-5

2. 输入一个班的学生人数和某门课的成绩,求平均成绩,如图4-1-6所示。根据题意,分析如表4-1-7所示。

表 4-1-7

声明变量		
数据输入处理输出循环结构	初始化(init)	
	判断条件(test)	
	计算处理(statements)	
	步长(step)	

```
#include <stdio.h>
int main()
{
  /*变量声明*/

  /*输入数据*/

  /*处理数据*/
```

```
How many students in your class? 5
Please input score of student[0]: 47
Please input score of student[1]: 36.8
Please input score of student[2]: 96
Please input score of student[3]: 65.8
Please input score of student[4]: 77.5
The average score is 64.62
Press any key to continue...
```

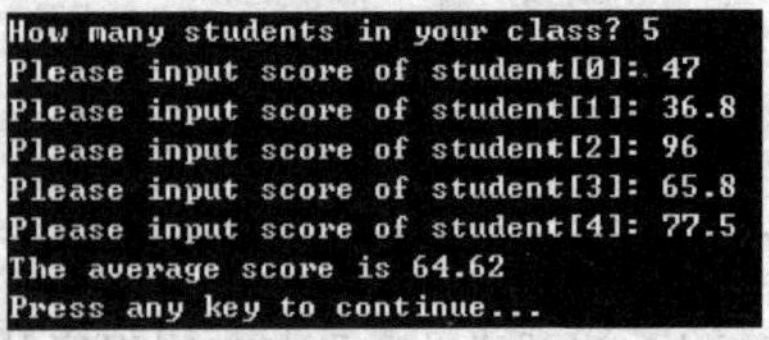

图 4-1-6

```
    /* 输出数据 */

    return 0;
}
```

3. 修改上题，为其增加功能，统计各分数段的人数(85～100,60～84,0～59)，如图 4-1-7 所示。

```
How many students in your class?10
Plaese input score of student[0]:56
Plaese input score of student[1]:67
Plaese input score of student[2]:78
Plaese input score of student[3]:89
Plaese input score of student[4]:90
Plaese input score of student[5]:86
Plaese input score of student[6]:63
Plaese input score of student[7]:52
Plaese input score of student[8]:42
Plaese input score of student[9]:15
The average score is 63.80
The number between 85~100 :3
The number between 60~84 :3
The number between 0~59 :4
```

图 4-1-7

```
#include <stdio.h>
int main()
{
    /* 变量声明 */

    /* 输入数据 */

    /* 处理数据 */

    /* 输出数据 */

    return 0;
}
```

4. 编写一个程序，要求输出用户输入的一串非负数中的最大数。程序需要提示用户逐个输入数据。当用户输入 0 或者负数时，程序显示输入的最大非负数，用户界面设计如图 4-1-8 所示。根据题意，分析如表 4-1-8 所示。

表 4-1-8

声明变量		输入的数据，最大值
数据处理循环结构	初始化(init)	提示用户输入并提取输入的数据值，并初始化为当前最大值
		输入数据
	判断条件(test)	判断输入数据是否大于 0
	计算处理(statements)	判断输入数据是否比当前最大值大，如果是，更新最大值
	步长(step)	再次输入数据

```
#include <stdio.h>
int main()
{
    /* 变量声明 */

    /* 输入数据 */

    /* 处理数据 */

    /* 输出数据 */

    return 0;
}
```

```
Please enter a float number: 60
Enter a float number(<=0 to quit): 35.2
Enter a float number(<=0 to quit): 89.3892
Enter a float number(<=0 to quit): 53.684
Enter a float number(<=0 to quit): 29
Enter a float number(<=0 to quit): 84.5
Enter a float number(<=0 to quit): 0
The largest number entered was 89.389198
```

图 4-1-8

【课后练习】

1. 用户输入2473<回车>,程序运行结果是______________。

```
#include <stdio.h>
int main()
{
    char c;
    while((c = getchar())! = '\n')
    {
        switch(c - '2')
        {
            case 0:
            case 1:
                putchar(c + 4);
            case 2:
                putchar(c + 4);break;
            case 3:
                putchar(c + 3);
            default:
                putchar(c + 2);break;
        }
    }
    printf("\n");
    return 0;
}
```

2. 程序查错。

1) 下面程序有什么问题? 试予以纠正。

```
#include <stdio.h>
int main( )
{
  int j;
  for(j = 1; j > = 1; j++)
      printf(" %d \n", j);
  return 0;
}
```

2) 要实现输出10、20、30、40、50这5个数据,下面的程序错在哪里? 如何修改?

```
#include <stdio.h>
int main( )
{
  int x = 10;
  while(x < = 50);
  {
    printf(" %d \t", x);
    x += 10;
  }
  return 0;
}
```

3. 编写一个程序，接受一个整数输入，然后判断该数是否素数。根据题意，分析如表 4-1-9 所示。

表　4-1-9

声明变量		整型变量、除数(用于判别是否能够整除输入数据)
输入		提示用户输入并提取一个整型变量
数据处理循环结构	初始化(init)	除数从 2 起步
	判断条件(test)	除数改变到输入整数的平方根值结束
	计算处理(statements)	判断除数是否整除输入整数，若能则提前结束循环，该数为合数
	步长(step)	修改除数
输出		输出该整型变量是否素数

4. 编写一个程序，输入一个整数，确定该数的位数，如输入 32677，则输出该数为 5 位数。根据题意，分析如表 4-1-10 所示。

表　4-1-10

声明变量		两个整型变量(输入整数、计数)
数据处理循环结构	初始化(init)	计数清零，提示用户输入并提取一个整数
	判断条件(test)	判断该数值是否为零
	计算处理(statements)	计数
	步长(step)	整数右移一位，去掉个位数字

5. 输入一个整数，求整数中各位数字之和。如输入 12365，结果为 5＋6＋3＋2＋1＝17，如图 4-1-9 所示。根据题意，分析如表 4-1-11 所示。

```
Please input an integer: 12365
5 + 6 + 3 + 2 + 1  = 17
Press any key to continue...
```

图　4-1-9

表　4-1-11

声明变量		三个整型变量(输入整数、逐位取数字、求和)
数据处理循环结构	初始化(init)	和值清零，提示用户输入并提取一个整数
	判断条件(test)	判断该数值是否为零
	计算处理(statements)	取个位数字；求和
	步长(step)	整数右移一位，去掉个位数字

6. 编写一个程序。该程序读取整数，直到输入 0。输入终止后，程序报告输入的偶数(不包括 0)总个数、偶数的平均值、输入的奇数总个数，以及奇数的平均值，效果如图 4-1-10 所示。根据题意，分析如表 4-1-12 所示。

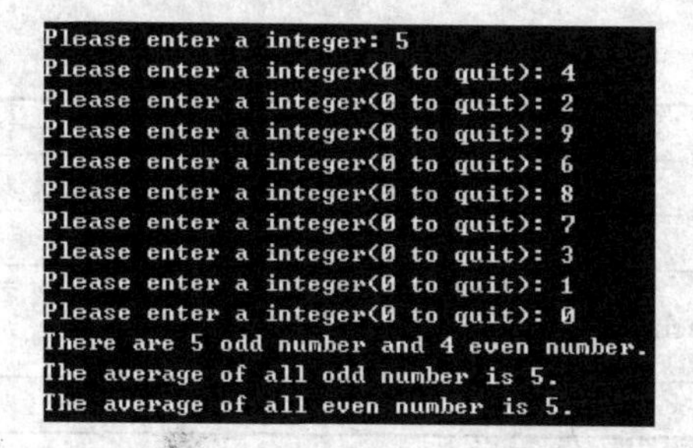

图　4-1-10

表　4-1-12

声明变量		整数(用于读入),奇数计数器,奇数和值,偶数计数器,偶数和值
数据处理循环结构	初始化(init)	计数器清零,和值清零,提示用户输入并提取一个整数
	判断条件(test)	判断该整数是否为 0
	计算处理(statements)	该数如果是偶数(能被 2 整除),偶数计数器加 1,偶数求和,否则奇数计数器加 1,奇数求和
	步长(step)	提示用户输入并提取一个整数
计算处理		求取奇数平均值,偶数平均值
输出		奇数个数,偶数个数,奇数平均值,偶数平均值

7. 编写一个程序。该程序读取输入直到遇到＃字符,然后报告读取的空格数目、换行符数目,以及其他字符数目,效果如图 4-1-11 所示。根据题意,分析如表 4-1-13 所示。

```
请输入一串字符，以#作为结束: there is
a string
here!
#
这串字符中有2个空格，3个回车，19个其他字符。
```

图　4-1-11

表　4-1-13

声明变量		字符变量(用于逐字符处理数据),三个整型变量(用于空格、回车、其他字符计数器)
数据处理循环结构	初始化(init)	计数器清零,提示用户输入并提取一个字符
	判断条件(test)	判断该字符是否为'＃'
	计算处理(statements)	判断该字符,如果是' ',空格计数器加 1,否则如果是回车字符,则回车计数器加 1,否则其他字符计数器加 1
	步长(step)	提取一个字符

8. *编写一个程序。该程序读取输入直到遇到＃字符。使程序打印每个输入的字符及其十进制 ASCII 码值。每行打印 8 个字符/编码对。效果如图 4-1-12 所示。根据题意,分析如表 4-1-14 所示。

提示:利用字符计数和求余运算符在每 8 个循环周期时打印一个换行符。

```
请输入一串字符，以#作为结束: 1234aft xWEZ~!$^&*%#
 1  49  2  50  3  51  4  52  a  97  f 102  t 116     32
 x 120  W  87  E  69  Z  90  ~ 126  !  33  $  36  ^  94
 &  38  *  42  %  37
```

图　4-1-12

表　4-1-14

声明变量		字符变量(用于逐字符处理数据),一个整型变量(用于计数控制换行)
数据处理循环结构	初始化(init)	计数器清零,提示用户输入并提取一个字符
	判断条件(test)	判断该字符是否为'＃'
	计算处理(statements)	计数器加 1,两种方式打印输出该字符(注意间距)判断计数器是否满 8,满 8 则换行
	步长(step)	提取一个字符

9. * 编写一个程序。该程序读取输入直到遇到#字符。输出每个字符,但用一个感叹号代替每个句号,将原有的每个感叹号用两个感叹号代替,最后报告进行了多少次替代,效果如图 4-1-13 所示。根据题意,分析如表 4-1-15 所示。

```
Please enter a string here:Today is Friday. Hello,world! #
Today is Friday! Hello,world!!
Has made 2 times of replaces.
```

图 4-1-13

表 4-1-15

声明变量		字符变量(用于逐字符处理数据),一个整型变量(用于计数替换次数)
数据处理循环结构	初始化(init)	计数器清零,提示用户输入并提取一个字符
	判断条件(test)	判断该字符是否为'#'
	计算处理(statements)	如果是句点字符,计数器加 1,输出感叹号,否则如果是感叹号,计数器加 1,输出双感叹号,否则原样输出
	步长(step)	提取一个字符
输出		替换次数

10. * 编写一个程序读取输入,直到#字符,并报告序列 ei 出现的次数。

提示:此程序需要两个字符变量,用于记住前一个字符和当前的字符。测试信息如"Receive your eieio award."。

11. * 编写程序,要求输入一周中的工作小时数,然后打印工资总额、税金以及净工资。做如下假设,而不必关心本例是否符合当前的法案。

(1) 基本工资等级 12.00 美元/小时。

(2) 加班(超过 40 小时的部分作为加班时间)=1.5 倍的时间。

(3) 税率:前 300 美元为 15%,下一个 150 美元为 20%,余下的为 25%。

12. * 修改 11 题中的假设(1),使程序提供一个选择工资等级的菜单(试参考典型例题 3)。程序运行的开头应该像这样:

```
*****************************************************************
Enter the number corresponding to the desired pay rate or action:
1) $ 9.50/hr                  2) $ 12.00/hr
3) $ 15.00/hr                 4) $ 17.25/hr
5)quit
*****************************************************************
```

如果选择 1~4,那么程序应该要求输入工作小时数。程序应该一直循环运行,直到输入 5。如果输入 1~5 以外的选项,那么程序应该提醒用户合适的选项是哪些,然后再循环。用#define 为各种工资等级和税率定义常量。

13. * 编写程序,要求显示出本月的日历。用户输入说明这个月的天数和本月起始日是星期几,界面说明如下:

```
Enter number of days in month: 31
Enter starting day of the week(1 = Sun, 7 = Sat): 3
```

```
Sun    Mon    Tue    Wen    Thu    Fri    Sat
              1      2      3      4      5
6      7      8      9      10     11     12
13     14     15     16     17     18     19
20     21     22     23     24     25     26
27     28     29     30     31
```

提示：此程序循环计数从 1 计数到此月天数 31，在循环中，判定该天是否一周的最后一天，如果是，就显示一个换行符。

实验 4-2　循环结构

【知识点回顾】

1. break 语句

(1) 功能：循环中的 break 语句导致程序提前终止并退出本层循环。如果 break 语句位于嵌套循环中，它只影响包含它的最里层的循环。

(2) 说明：注意循环中的 break 语句使得本循环结构流程拥有两个出口，通常，这意味着不同的情况，需要在循环结束时根据不同情况做出不同的处理。

(3) 流程图，如图 4-2-1 所示。

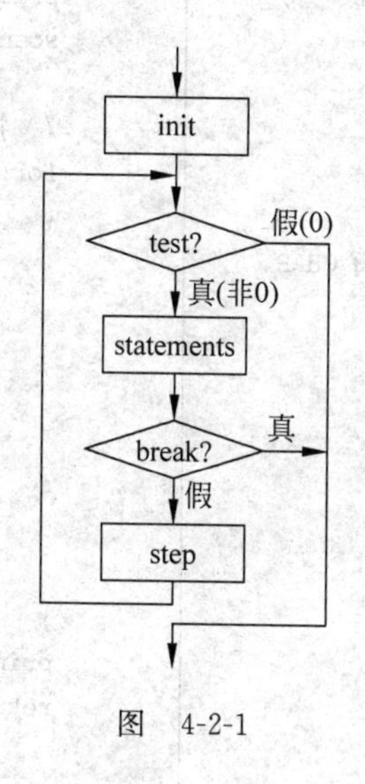

图　4-2-1

2. 循环的嵌套

(1) 嵌套循环由一个外层循环和一个或多个内层循环构成。

(2) 每次到达外层循环时，重新进入内层循环，对循环控制表达式重新求值，并执行所有需要的迭代。

(3) 循环嵌套经常被用于按行列方式输出数据。

【典型例题】

1. 例题 1，表 4-2-1 中的两个程序均为打印出一个左下三角阵。设计思路如图 4-2-2 所示。

	1	2	3	4	5	6
1	*	↙				
2	*	*	↙			
3	*	*	*	↙		
4	*	*	*	*	↙	
5	*	*	*	*	*	↙

row(行号)	star(星星颗数)	enter(回车次数)
1	1	1
2	2	1
3	3	1
4	4	1
5	5	1
规律:		
i	i	1
用i表示行,每行星星颗数与行号相等,则也可以用i表示,回车每行一次		

图 4-2-2

表 4-2-1

```c
#include< stdio.h>
#define CHAR '*'
int main()
{
  int row, i,j;
  /* 用户输入行数(送给变量 row) */
  printf("please input a integer: ");
  scanf("%d", &row);

  /* 控制 row 行输出 */
  for(i = 1; i<= row; i++)
  {
      //任务 1 打印 i 个指定字符 CHAR
      for(j = 1; j<= i; j++)
      {
        putchar(CHAR);
      }

      //任务 2 回车换行
      printf("\n");
  }
  printf("\n");
  return 0;
}
```

程序运行结果如图 4-2-3 所示

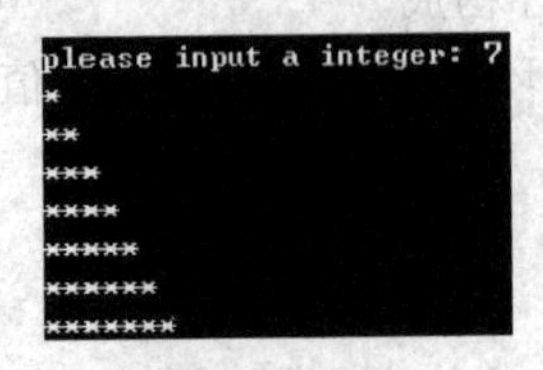

图 4-2-3

```c
#include< stdio.h>
#define CHAR 'A'   //不同
int main()
{
  int row, i,j;
  /* 用户输入行数(送给变量 row) */
  printf("please input a integer: ");
  scanf("%d", &row);

  /* 控制 row 行输出 */
  for(i = 1; i<= row; i++)
  {
      //任务 1 打印 i 个指定字符 CHAR
      for(j = 1; j<= i; j++)
      {
        putchar(CHAR + i - 1);//不同
      }

      //任务 2 回车换行
      printf("\n");
  }
  printf("\n");
  return 0;
}
```

程序运行结果如图 4-2-4 所示

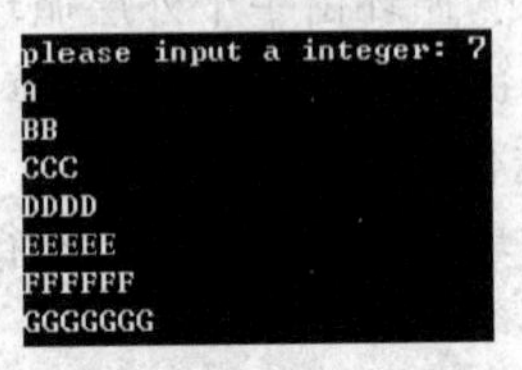

图 4-2-4

2. 例题 2，表 4-2-2 中的两个程序分别打印两个等腰三角形，如图 4-2-5 和图 4-2-6 所示，同样，仅有两行代码不同。

表　4-2-2

```c
#include < stdio.h >
#define CHAR ' * '
int main()
{
  int row, i,j;
  /* 用户输入行数(送给变量 row) */
  printf("please input a integer: ");
  scanf(" %d", &row);

  /* 控制 row 行输出 */
  for(i = 1; i <= row; i++)
  {
    //任务 1:打印 row - i 个空白字符
    for(j = 1; j <= row - i; j++)
    {
      putchar(' ');
    }
    //任务 2:打印 2 * i - 1 个指定字符
    for(j = 1; j <= 2 * i - 1; j++)
    {
      putchar(CHAR);
    }

    //任务 3:回车换行
    printf("\n");
  }
  printf("\n");
  return 0;
}
```

程序运行结果如图 4-2-5 所示

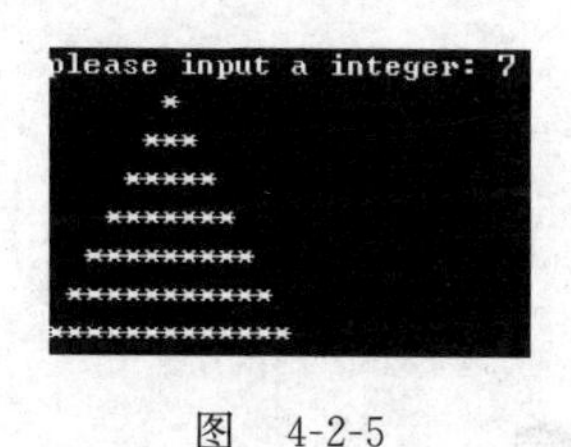

图　4-2-5

```c
#include < stdio.h >
#define CHAR 'A'      //不同
int main()
{
  int row, i,j;
  /* 用户输入行数(送给变量 row) */
  printf("please input a integer: ");
  scanf(" %d", &row);

  /* 控制 row 行输出 */
  for(i = 1; i <= row; i++)
  {
    //任务 1:打印 row - i 个空白字符
    for(j = 1; j <= row - i; j++)
    {
      putchar(' ');
    }
    //任务 2:打印 2 * i - 1 个指定字符
    for(j = 1; j <= 2 * i - 1; j++)
    {
      putchar(CHAR + i - 1);//不同
    }

    //任务 3:回车换行
    printf("\n");
  }
  printf("\n");
  return 0;
}
```

程序运行结果如图 4-2-6 所示

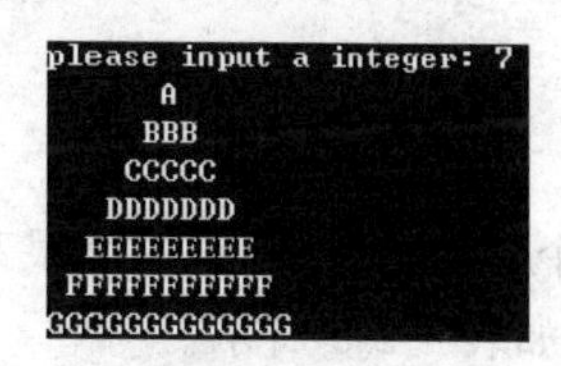

图　4-2-6

3. 例题 3，百元买百鸡问题。假定小鸡每只 5 角，公鸡每只 2 元，母鸡每只 3 元。现在有 100 元钱要求买 100 只鸡，编程列出所有可能的购鸡方案。

```c
#include < stdio.h >
int main()
{
```

```
    int x,y,z;
    for(x = 1;x <= 100;x++)
      for(y = 1;y <= 100;y++)
      {
        z = 100 - x - y;
        if(3 * x + 2 * y + 0.5 * z == 100)
            printf(" %d只母鸡, %d只公鸡, %d只小鸡\n",x,y,z);
      }
    return 0;
}
```

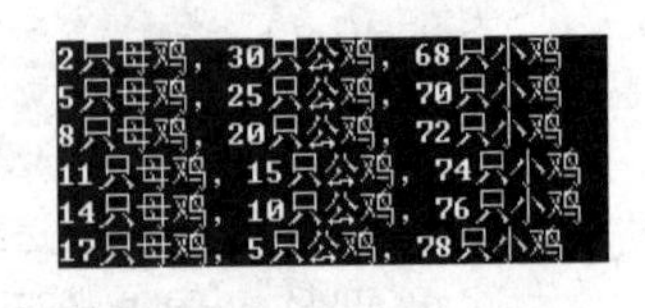
2只母鸡, 30只公鸡, 68只小鸡
5只母鸡, 25只公鸡, 70只小鸡
8只母鸡, 20只公鸡, 72只小鸡
11只母鸡, 15只公鸡, 74只小鸡
14只母鸡, 10只公鸡, 76只小鸡
17只母鸡, 5只公鸡, 78只小鸡

图 4-2-7

程序运行结果如图 4-2-7 所示。

【Q&A】

1. Q：什么是循环边界？

A：循环控制变量的初值和终值。常见的循环相关的逻辑错误是循环执行的次数比需要的次数多一次或者少一次，通常可以通过检查循环边界来确定循环是否正确。

2. Q：循环最多可以嵌套多少层？

A：原则上，循环结构嵌套的层数没有限制，但为了程序结构清晰，一般建议不超过三层。如果需要更多层的嵌套，主张利用函数调用的处理方法(见后续章节)替代多层嵌套的过程。

3. Q：在永真循环结构中，一定要通过执行 break 语句才能跳出循环吗？

A：对。如果永真循环可以找到普通的循环控制方法替代，最好避免使用。

4. Q：循环结构中使用 break 语句，多了一个出口，该如何区分？

A：使用了 break 的循环结构，往往具有两个出口：一是循环结构的 test 不满足而循环结束，二是 test 满足，但 statements 中遇到 break 提前结束循环。

通常这两个出口代表程序的两种不同状况，因此在循环结束后，往往需要分支结构加以区分。

【实验内容】

1. n 个评委打分，去掉一个最高分，去掉一个最低分，求平均分，如图 4-2-8 所示。根据题意，分析如表 4-2-3 所示。

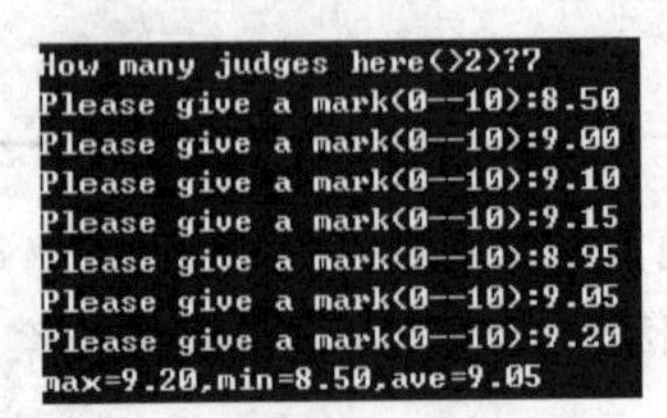
How many judges here(>2)?7
Please give a mark(0--10):8.50
Please give a mark(0--10):9.00
Please give a mark(0--10):9.10
Please give a mark(0--10):9.15
Please give a mark(0--10):8.95
Please give a mark(0--10):9.05
Please give a mark(0--10):9.20
max=9.20,min=8.50,ave=9.05

图 4-2-8

表　4-2-3

声明变量		评委人数，分数，最高分，最低分，平均分，循环计数
输入		评委人数
数据处理循环结构	初始化(init)	提示用户输入第一个分数，同时初始化最高分、最低分、平均分
	判断条件(test)	判断循环计数是否小于评委人数
	计算处理(statements)	输入评委分数，累计求和，并判断是否刷新最高分、最低分
	步长(step)	修改循环计数增 1
输出		最高分，最低分，去掉最高分最低分后的平均分

2. 编写程序，求 1－3＋5－7＋…－99＋101 的值。

3. 编写程序，接收一个整数输入，然后显示所有小于等于该数的素数，每 5 个素数换一行显示。（双重循环）

4. 编写程序，实现零钱兑换，100 元整钞兑换 10 元、5 元、2 元零钞，有多少种兑换方案？（双重循环）

5. 打印"九九乘法表"（双重循环）

（1）简单版，如图 4-2-9 所示。

```
1*1=1   1*2=2   1*3=3   1*4=4   1*5=5   1*6=6   1*7=7   1*8=8   1*9=9
2*1=2   2*2=4   2*3=6   2*4=8   2*5=10  2*6=12  2*7=14  2*8=16  2*9=18
3*1=3   3*2=6   3*3=9   3*4=12  3*5=15  3*6=18  3*7=21  3*8=24  3*9=27
4*1=4   4*2=8   4*3=12  4*4=16  4*5=20  4*6=24  4*7=28  4*8=32  4*9=36
5*1=5   5*2=10  5*3=15  5*4=20  5*5=25  5*6=30  5*7=35  5*8=40  5*9=45
6*1=6   6*2=12  6*3=18  6*4=24  6*5=30  6*6=36  6*7=42  6*8=48  6*9=54
7*1=7   7*2=14  7*3=21  7*4=28  7*5=35  7*6=42  7*7=49  7*8=56  7*9=63
8*1=8   8*2=16  8*3=24  8*4=32  8*5=40  8*6=48  8*7=56  8*8=64  8*9=72
9*1=9   9*2=18  9*3=27  9*4=36  9*5=45  9*6=54  9*7=63  9*8=72  9*9=81
Press any key to continue...
```

图　4-2-9

（2）改进版，如图 4-2-10 所示。

```
1*1=1   1*2=2   1*3=3   1*4=4   1*5=5   1*6=6   1*7=7   1*8=8   1*9=9
        2*2=4   2*3=6   2*4=8   2*5=10  2*6=12  2*7=14  2*8=16  2*9=18
                3*3=9   3*4=12  3*5=15  3*6=18  3*7=21  3*8=24  3*9=27
                        4*4=16  4*5=20  4*6=24  4*7=28  4*8=32  4*9=36
                                5*5=25  5*6=30  5*7=35  5*8=40  5*9=45
                                        6*6=36  6*7=42  6*8=48  6*9=54
                                                7*7=49  7*8=56  7*9=63
                                                        8*8=64  8*9=72
                                                                9*9=81

Press any key to continue...
```

图　4-2-10

【课后练习】

1. 当遇到下列三个情况时，应怎样编写 for 语句的控制行？

（1）从 1 计数到 100。

（2）从 0 开始，每次计数加 7，直到成为三位数为止。

（3）从 100 开始，反向计数，每次减 2，直到 0 为止。

2. 阅读程序,写出运行结果。

```
#include <stdio.h>
int main()
{
    int i,j;

    for(i = 4;i >= 1;i -- )
    {
        for(j = 1;j <= i;j++)
            putchar('#');
        for(j = 1;j <= 4 - i;j++)
            putchar('*');
        putchar('\n');
    }
    return 0;
}
```

3. 编制一个猜数游戏程序。

(1) 程序中预先设定了一个整数,反复输入整数进行猜数,当猜中时显示"Luck! You win!",否则显示"Greater than"或"Less than",最多猜 20 次,若 20 次都未猜中则显示"You lose"。

(2) 该如何验证程序设计是否正确?写出验证方案。

4. 编写程序,计算整数 k 的 n 次幂,并据此计算 2 的 n 次幂,产生以下输出。

```
2 的 0 次幂为 1
2 的 1 次幂为 2
2 的 2 次幂为 4
2 的 3 次幂为 8
2 的 4 次幂为 16
2 的 5 次幂为 32
2 的 6 次幂为 64
```

5. 采用循环结构进行程序设计,打印出钻石星阵,如图 4-2-11 所示(双重循环)。

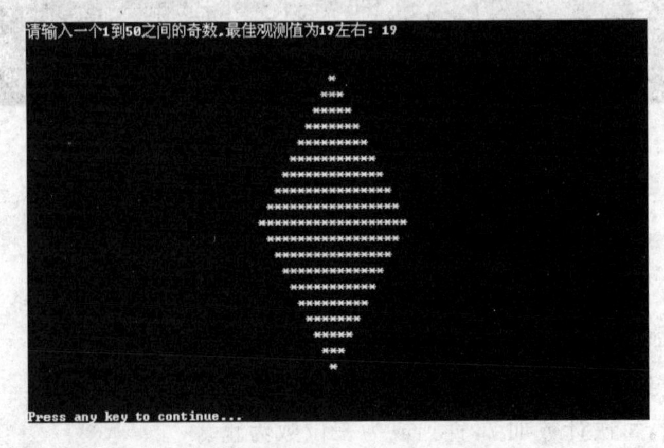

图 4-2-11

6. 输出所有的“水仙花数”，所谓“水仙花数”是指一个三位数，其各位数字立方和等于该数本身。例如，153 是一个水仙花数，因为 $153=1^3+5^3+3^3$。

7. * 一个数如果恰好等于它的因子之和，这个数就称为“完数”。例如，6 的因子为 1、2、3，而 6=1+2+3，因此 6 是“完数”。编写程序，找出 1000 之内的所有完数。并按以下格式输出其因子：6 its factors are 1,2,3。

提示：本题要求并非质因子之和。

8. * 设计一个统计单词数目的程序。

提示：简单定义一个单词为不包含空白字符(没有空格、制表符或者换行符)的一系列字符。一个单词以程序首次遇到非空白字符开始，在下一个空白字符出现时结束。

字符计数的同时，可以通过检测字符是否换行符来进行行数统计。如果如图 4-2-12 所示，结束字符'#'之前读入的最后一个字符是换行符，则换行计数。如果该字符出现在一行的中间，则计为一个不完整行(partial line)。

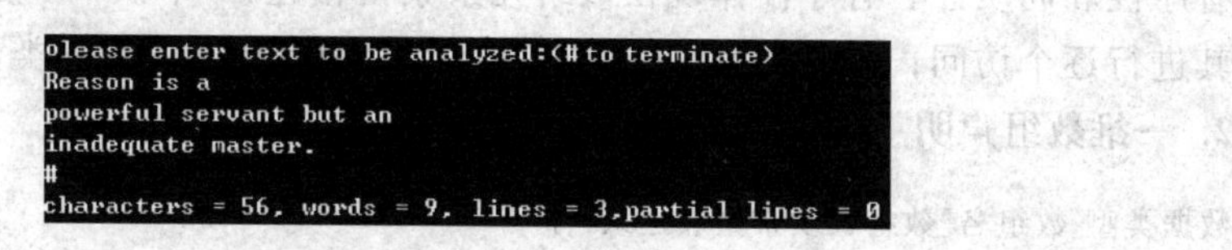
```
Please enter text to be analyzed:(#to terminate)
Reason is a
powerful servant but an
inadequate master.
#
characters = 56, words = 9, lines = 3,partial lines = 0
```

图 4-2-12

实验5-1 一维数组

【知识点回顾】

1. 数组的重要特性

有序性和同质性。有序性体现在数组元素紧密相连，一个挨一个存放，可以通过数组下标对其进行逐个访问；同质性体现在全体数组元素拥有相同的数据类型。

2. 一维数组声明

数据类型 数组名[数组长度常量表达式[①]]

3. 一维数组初始化

(1) 声明时完全初始化：int a[5]={1,3,5,7,9};。

(2) 声明时不完全初始化：int b[5]={1,3,5};按顺序赋初值，剩余清零。

(3) 声明时未初始化，只能后期逐个初始化。

4. 一维数组元素的访问

(1) 数组元素：如果有 int a[5];，则有 a[0]、a[1]、a[2]、a[3]、a[4]表示对数组中各元素的访问。

(2) 数组元素下标可以使用变量表达式。

【典型例题】

1. 例题 1，寻找数组中的最小数值及其下标。

```
#include <stdio.h>
#define N 50
int main()

  int min,i,pos; //min 确定最小数,i 控制循环,pos 确定最小数值的下标
  /* 预先准备一个足够大的数组空间,n 表示数组实际长度,n≤N,由于数组尺寸只能是常量表达
式,这是常用做法 */
  int s[N], n;

  //确定数组实际长度
  printf("How many members in your team?");
  scanf("%d",&n);
```

① 如果编译器遵从 C99 标准，则该处只要是整型表达式即可，即可以支持变量表达式。

```
    //初始化数组元素
    for(i = 0; i < n; i++)
    {
        printf("Please enter the number of s[ %d]: ",i);
        scanf(" %d",&s[i]);
    }

    //初始化最小值和最小值所在的位置
    min = s[0];pos = 0;

    //逐个比较,确定最小值
    for(i = 1; i < n; i++)
    {
        if(s[i]< min)           //若找到更小的值,刷新最小值及其位置
        {
          min = s[i];
          pos = i;
        }
    }

    //打印输出
    printf("array s : ");
    for(i = 0; i < n; i++)
    {
        printf(" %5d",s[i]);
    }

    printf("\nmin number is %d, pos is %d.\n",min, pos);
    return 0;
}
```

程序运行结果如图 5-1-1 所示。

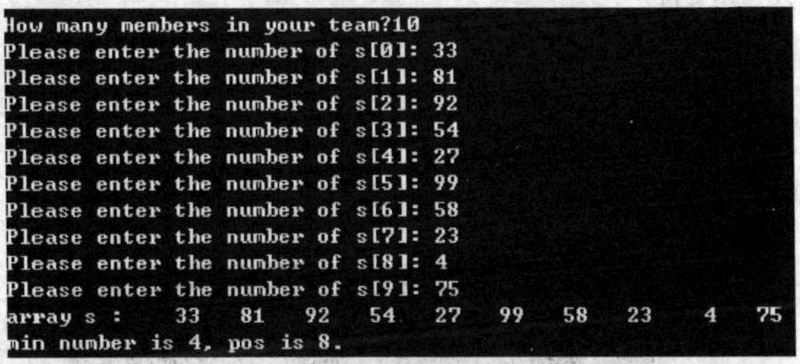

```
How many members in your team?10
Please enter the number of s[0]: 33
Please enter the number of s[1]: 81
Please enter the number of s[2]: 92
Please enter the number of s[3]: 54
Please enter the number of s[4]: 27
Please enter the number of s[5]: 99
Please enter the number of s[6]: 58
Please enter the number of s[7]: 23
Please enter the number of s[8]: 4
Please enter the number of s[9]: 75
array s :    33   81   92   54   27   99   58   23    4   75
min number is 4, pos is 8.
```

图 5-1-1

2. 例题 2,一维数组冒泡排序算法。

```
#define N 50                    //预定义数组尺寸
#include < stdio.h >
int main()
{
  int a[N];
  int n, i, j, t;
  printf("how many numbers would be sorted? ");
```

```
    scanf(" %d", &n);

    //用户输入n个数
    printf("Please input %d numbers:\n", n);
    for ( i=0; i<n; i++)
    {
        printf("a[%d] is : ", i);
        scanf(" %d",&a[i]);
    }

    //排序之前的输出
    printf("\nBefore sorting:\n");
    for (i =0; i<n; i++)
        printf(" %5d",a[i]);
    printf ("\n");

    //冒泡排序算法
    for(i=1; i<n; i++)                  //趟数
    {
        for(j=1; j<=n-i; j++)           //每趟比较次数
        {
          if(a[j-1] > a[j])             //从小到大排序,若从大到小,比较运算符改成<即可
          {
            t = a[j-1];
            a[j-1] = a[j];
            a[j] = t;
          }
        }
    }

    //排序之后的输出
    printf("After sorting:\n");
    for (i =0; i<n; i++)
        printf(" %5d",a[i]);
    printf ("\n");
    return 0;
}
```

程序运行结果如图 5-1-2 所示。

```
how many numbers would be sorted? 10
Please input 10 numbers:
a[0] is : 1
a[1] is : 3
a[2] is : 5
a[3] is : 7
a[4] is : 9
a[5] is : 8
a[6] is : 6
a[7] is : 4
a[8] is : 2
a[9] is : 0

Before sorting:
    1    3    5    7    9    8    6    4    2    0
After sorting:
    0    1    2    3    4    5    6    7    8    9
```

图 5-1-2

3. 例题3,一维数组选择排序算法。

算法描述:数组保持有序和无序两部分,每次在无序部分挑出一个最值,与无序部分第一个元素交换,这样该元素有序,剩余无序部分继续采用该算法,直至数组元素全部有序。

```
#define N 50                          //预定义数组尺寸
#include <stdio.h>
int main()
{
  int a[N];
  int n, i, j, t, pos;
  printf("how many numbers would be sorted? ");
  scanf("%d", &n);

  //用户输入n个数
  printf("Please input %d numbers:\n", n);
  for ( i = 0; i<n; i++)
  {
      printf("a[%d] is : ", i);
      scanf("%d",&a[i]);
  }

  //排序之前的输出
  printf("\nBefore sorting:\n");
  for (i = 0; i<n; i++)
      printf("%5d",a[i]);
  printf ("\n");

  //选择排序算法
  for(i = 0; i<n; i++)                //趟数
  {
      //该趟待排序元素目标位置在第i位
      //挑选当前无序部分最小元素,pos标记最小元素位置
      pos = i;                        //初始化当前最小元素为第i位
      for(j = i; j<n; j++)
      {
        if(a[j] < a[pos])
          pos = j;
      }
      //若当前最小值不在第i位,则与第i位元素交换
      if(i!= pos)
      {
        t = a[i];
        a[i] = a[pos];
        a[pos] = t;
      }
  }

  //排序之后的输出
  printf("After sorting:\n");
  for (i = 0; i<n; i++)
```

```
        printf(" %5d",a[i]);
    printf ("\n");
    return 0;
}
```

程序运行效果与例题 2 相同。

【Q&A】

1. Q：数组是什么？为什么需要数组？

A：数组是一种复合数据类型，拥有顺序性和同质性，即数目固定、数据类型相同的变量的有序集合，每个变量称为数组元素。当程序中需要处理大量相似数据时，可以借助数组使得程序的处理简捷方便。

2. Q：声明数组时，能使用变量吗？

A：若 C 编译器采用 C90 标准则不能，若编译器采用 C99 标准，则可以。

3. Q：编写程序时，如果不知道数组的实际大小，该如何处理呢？

A：一般有以下三种处理方法。

第一种，提前声明一个足够大的数组，然后根据程序的需要，使用该数组的部分空间，参考典型例题 1。

第二种，C 编译器提供了动态分配空间的相关函数来处理此问题，如 malloc()函数，这部分内容将在链表专题部分介绍。

第三种，采用了新的 C99 标准的 C 编译器支持变长数组，这不在本教程讨论范围之内，请查阅相关资料。

4. Q：为什么数组下标从 0 开始而不是从 1 开始？

A：从 0 开始可以简化编译器的处理，使得数组下标运算速度有少许提高。

5. Q：如果希望数组下标从 1 起步，而不是 0，该如何解决？

A：常用方法，假设数组元素为 10 个，则声明具有 11 个元素的数组，这样，数组元素下标可以从 0 到 10，只使用其中下标 1～10 的元素即可。

6. Q：int array[10]；和 array[10]有何区别？

A：前者是数组声明，意思是声明数组 array 中有 10 个元素，且这 10 个元素都拥有相同的 int 数据类型，这里 10 代表数组元素个数，也同时隐含了数组元素下标范围为从 0 到 9；而后者是对数组中下标为 10 的元素的访问，由于前者已经说明了数组下标取值范围应从 0 到 9，因此后者的访问实际上已经越界了。

7. Q：同一数组中的元素可以是不同的数据类型吗？

A：不可以。数组的两个特性为：顺序性和同质性，其中同质性即指同一数组中的所有元素都是相同的数据类型。

8. Q：使用数组时，数组下标越界，编译器仍旧不予报错？

A：通常，C 的编译器不检查数组的越界错误，总是假定编程人员能够并已经正确控制数组元素的访问。因此，程序中如果出现了下标越界的错误，程序仍然可以通过编译，甚至能够运行，但是运行结果不可预测，甚至可能导致较严重的后果。因此，程序中如果使用了数组,请设计人员务必控制好数组下标,防止越界访问。

9. Q:数组在内存中如何存放?一个数组会占用多少内存?

A:数组是一种复合数据类型,与变量一样都是用来存放数据,区别在于变量是一个数据,数组是一批数据。系统会为数组在内存中分配一块连续的空间,所占内存大小为:元素个数×sizeof(数据类型)个字节的存储单元,比如 CFree 和 VC6.0 等 32 位开发环境下,int array[10];共占用 10×4=40 个字节。数据存放顺序按照 a[0], a[1], a[2],…, a[9]来存放。

10. Q:若有数组声明 int a[5];,则 a 代表什么?

A:对于一个变量,其第一个字节的位置称为该变量的内存起始地址。同样,一个数组,占用一段连续的内存空间,其第一个字节的位置称为该数组的起始地址(首地址)。数组名代表了数组的首地址,因此 a 即整个数组的起始地址。a 是一个常量,不能被修改。

【实验内容】

1. 通过键盘输入 10 个学生的考试成绩,放入数组中,求最高分、最低分及其所在位置。

2. 在题 1 基础上,将数组中最高分换到第 0 位、最低分换到最后一位(第 9 位)。然后输出调整后的数组。

3. 将题 1 中 10 个学生的考试成绩,按照从大到小排序。

```
原数组: 34 37 24 42 33 57 49 65 51 25
逆置后: 25 51 65 49 57 33 42 24 37 34
```

图 5-1-3

4. 设计程序,将一个数组中的元素逆序后重新存放,例如图 5-1-3 中第一行是原来的顺序,第二行是逆序存放后的顺序。

5. 设计程序模拟骰子的 500 次投掷,然后统计 1~6 每一面出现的概率,放入数组 frequency 中后输出,效果如图 5-1-4 所示。

提示:随机种子发生器设置语句:srand(time(NULL));

利用随机函数产生 1~6 之间的随机整数:rand()%6+1;

以上代码需要 stdlib.h 以及 time.h 库支持。

图 5-1-4

6. 输入一个班学生的某门课程的成绩,当输入为负值时,输入结束,分别实现以下功能。

(1) 统计不及格人数。

(2) 统计成绩在全班平均分以上(含平均分)的学生人数。

(3) 统计各分数段的学生人数及所占的百分比。

【课后练习】

1. 选择题。

(1) C 语言中,访问数组元素时,数组下标的数据类型允许是________。

A. 整型常量　　B. 整型表达式

C. 整型常量或者整型表达式　　D. 任何类型的表达式

(2) 以下对一维整型数组 a 的正确说明是________。

A. int a(10); B. int n=10, a[n];

C. int n;
scanf("%d", &n);
int a[n];

D. #define SIZE 10
int a[SIZE];

(3) 若有说明 int a[10];,则对 a 数组中元素的正确访问是________。

A. a[10] B. a[3.5] C. a(5) D. a[10-10]

(4) 以下对数组的正确声明是________。

A. float b[5.0]; B. float b[5]; C. float b(5); D. float b[];

(5) 对语句 int a[10] = {6,7,8,9,10}; 的正确理解是________。

A. 将 5 个初值依次赋给 a[1]~a[5],其余元素均为 0

B. 将 5 个初值依次赋给 a[0]~a[4],其余元素均为 0

C. 将 5 个初值依次赋给 a[6]~a[10],其余元素均为 0

D. 因为数组长度与初值个数不相同,所以该语句错误

(6) 以下能对一维数组 a 进行正确初始化的语句是________。

A. int a[5];
a={0,1,2,3,4};

B. int a[3];
for(i=0; i<3; i++)
scanf("%d", a);

C. int a[3] = {0,1,2,3};

D. int a[5];
for(i=0; i<3; i++)
scanf("%d", &a[i]);

2. 填空。

(1) 构成数组的各个元素必须具有相同的________。如果一维数组的长度为 n,则数组下标的最小值为________,最大值为________。

(2) 已知数组 b 定义为 int b[ ]={9,6,3};,则 b 数组最小下标是________,最大下标是________。各元素的值分别是 b[0] = ________, ________ = ________, ________ = ________。

3. 以下是一个交错数列的前 10 项,请完成以下程序,效果如图 5-1-5 所示。

```
 1  -3   5  -7   9  -11  13  -15  17  -19
```

图 5-1-5

```
#include <stdio.h>
int main()
{
    int i, flag, f[10];         //交错数列 f 中前 10 个元素,flag 用于符号控制

    flag = 1;
    for(________; __________;  i++)
    {
        f[i] = ______________;
        flag = ____________________;
```

```
    }

    for(i = 0; ______________; i++)
    {
        printf(" %5d", ________________);
    }
    printf("\n");
        return 0;
}
```

4. 有一个已经排好序的数组,输入一个数,要求按原来的顺序规律将其插入到数组中合适的位置上,如图 5-1-6 和图 5-1-7 所示。

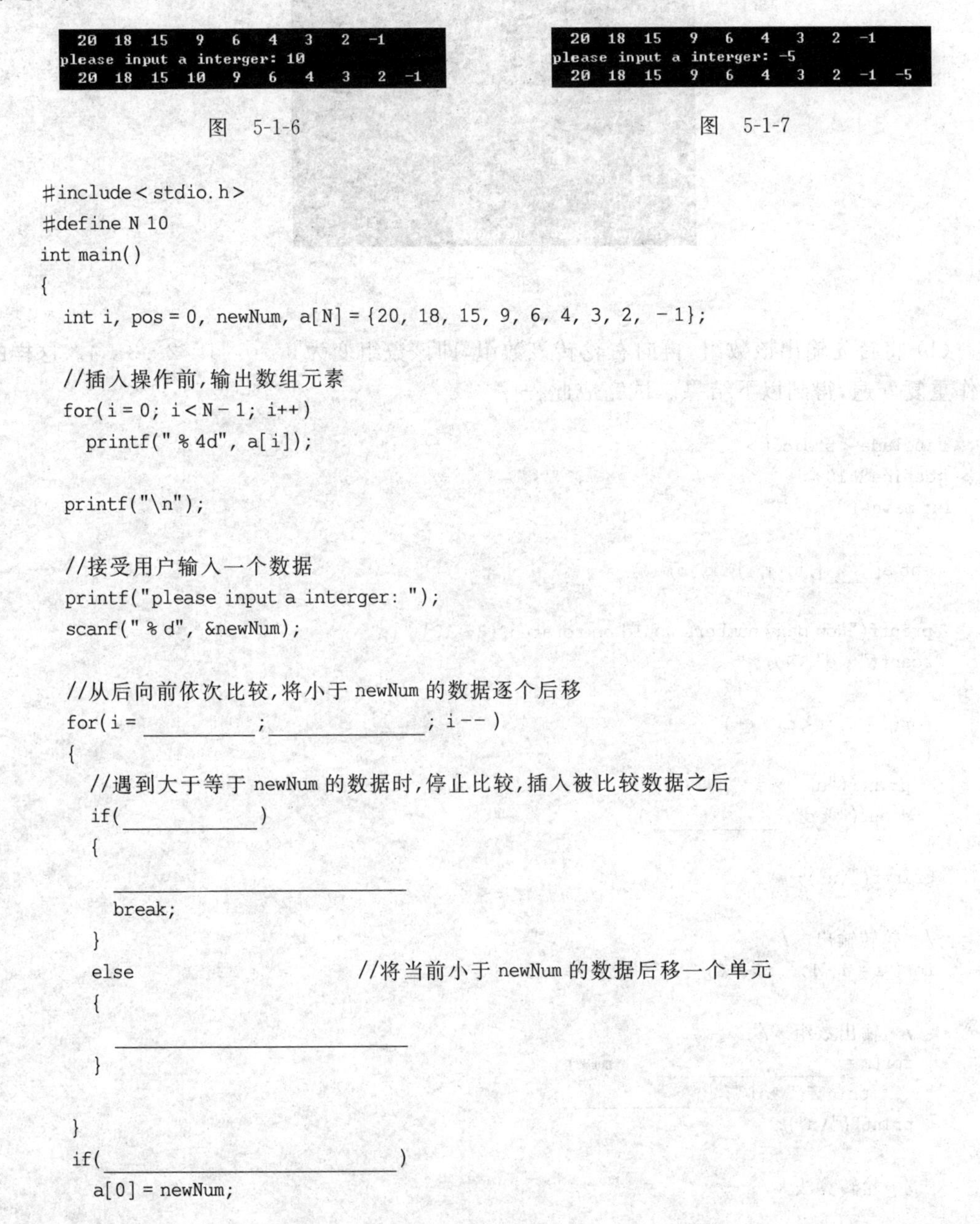

图 5-1-6

图 5-1-7

```
#include <stdio.h>
#define N 10
int main()
{
  int i, pos = 0, newNum, a[N] = {20, 18, 15, 9, 6, 4, 3, 2, -1};

  //插入操作前,输出数组元素
  for(i = 0; i < N - 1; i++)
    printf(" %4d", a[i]);

  printf("\n");

  //接受用户输入一个数据
  printf("please input a interger: ");
  scanf(" %d", &newNum);

  //从后向前依次比较,将小于 newNum 的数据逐个后移
  for(i = __________; ______________; i-- )
  {
    //遇到大于等于 newNum 的数据时,停止比较,插入被比较数据之后
    if(____________)
    {
      __________________________
      break;
    }
    else                        //将当前小于 newNum 的数据后移一个单元
    {
      __________________________
    }

  }
  if(__________________________)
    a[0] = newNum;
```

```
  //插入操作完成后,再次输出数组元素
  for(i = 0; i < N; i++)
    printf(" % 4d", a[i]);
  printf("\n");
  return 0;
}
```

5. 以下程序的功能是给一维数组 a 输入任意 6 个整数。假设为:0 1 2 3 4 5,如图 5-1-8 所示。

```
How many numbers would be rotated?(2~10) 6
a[0]= 0
a[1]= 1
a[2]= 2
a[3]= 3
a[4]= 4
a[5]= 5

0 1 2 3 4 5
5 0 1 2 3 4
4 5 0 1 2 3
3 4 5 0 1 2
2 3 4 5 0 1
1 2 3 4 5 0
Press any key to continue...
```

图 5-1-8

(1) 将首先输出该数组,再向右轮转该数组,即该数组变为5 0 1 2 3 4。这样的动作重复 6 遍,得到以下结果。试完成此程序。

```
#include < stdio.h >
#define N 10
int main()
{
  int a[____],n, i, j, k, m;

  printf("How many numbers would be rotated?(2~10) ");
  scanf(" % d", &n);

  for(i = 0; i < n; i++)
  {
    printf("a[__] = ",____);
    scanf(" % d",__________);
  }
  printf("\n");

  /* 轮转输出 */
  for( i = n - 1;  i >= 0;  i -- )
  {
    /* 输出数组 */
    for(m = _____;_________;  m++)
        printf(" % d ",_____________;
    printf("\n");

    /* 轮转算法 */
```

```
        k = __________;         //保存最后一个元素在变量 k 中
        /* 将前面的元素依次后移 */
        for (j = ________; j >= 0; j-- )
            a[j+1] = __________;
        /* 将 k 中保存的值存入腾出的第一个位置中 */
        a[0] = ________;
    }
    return 0;
}
```

(2) 仿照上述程序进行代码设计，实现数组的向左轮转并输出。

6. 试阅读理解以下二分数据查找算法实现。

```
#include< stdio.h>
int main()
{
    int a[8] = {6,12,18,42,44,52,67,94};
    int low = 0,mid,high = 7,found = 0,x;    //low,mid,high 表示下标

    //提示用户输入要查找的数值
    printf("Please input the number:");
    scanf("%d",&x);

    //二分查找算法
    //只要 low ≤high 且尚未找到,就继续查找
    while((low <= high)&&(found == 0))
    {
        mid = (low + high)/2;                //设置分界点,将数组一分为二

    //如果要找的数恰好等于分界点的数值,则找到该数
        if(x == a[mid])
        {
            found = 1;
            break;
        }

    //如果要找的数比分界点的数大,则缩小查找范围到右半边
        else if(x > a[mid])
            low = mid + 1;

    //如果要找的数比分界点的数小,则缩小查找范围到左半边
        else
            high = mid - 1;
    }

    //报告查找结果
    if(found == 1)
        printf("be found! The index is: %d\n",mid);
    else
        printf("Can't be founnd!\n");
    return 0;
}
```

(1) 当用户输入 6,访问了哪几个元素后找到 6?

(2) 当用户输入 42,访问了哪几个元素后找到 42?

(3) 当用户输入 52,访问了哪几个元素后找到 52?

(4) 当用户输入 65,访问了哪几个元素后确定找不到 65?

7. 编写程序,设计线性数据查找算法(最简单的查找方法),查找成功效果如图 5-1-9 所示,查找不成功效果如图 5-1-10 所示。

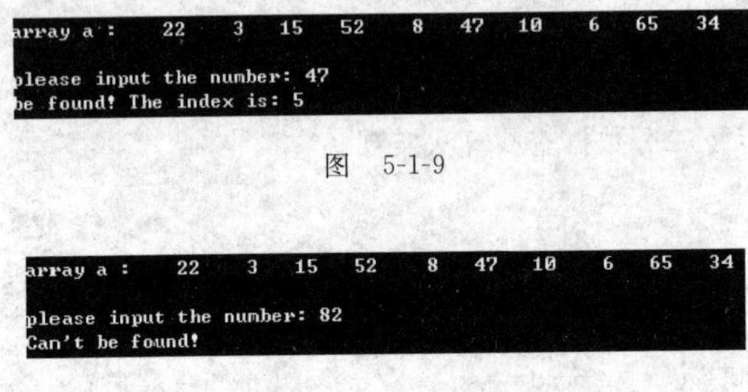

图 5-1-9

图 5-1-10

实验 5-2 二维数组

【知识点回顾】

1. 声明与初始化二维数组

(1) 完整声明,完整初始化:int x[3][2]={1,2,3,4,5,6};。

(2) 不完整声明,完整初始化:int x[][2]={{1,2},{3,4},{5,6}};。

(3) 完整声明,不完整初始化:int x[3][4]={0};。

2. 二维数组元素的存放

按行存放,即先存放第0行的所有元素(第0行的元素按列号从小到大依次存放),然后存放第一行的元素(第一行的元素按列号从小到大依次存放),以此类推。

【典型例题】

1. 例题1,在一个4行10列的二维数组中存储小于数值1000的随机数,然后依次按每行显示10个数据,并输出该行的最大数值及其所处的位置。

```
#include <stdio.h>
#include <stdlib.h>
#define M 4
#define N 10

int main()
{
  int a[M][N], max, pos;
  int i,j;
  srand((unsigned)time(NULL));              //随机种子

  //初始化数组
  for(i = 0;i < M;i++)
    for(j = 0; j < N; j++)
      a[i][j] = rand() % 1000;

  //输出每行数组元素,并找出该行最大值后输出
  for(i = 0;i < M;i++)
  {
    //初始化每行最大值和最大值位置
    max = a[i][0];
```

```
    pos = 0;
    for(j = 1; j < N; j++)
    {
      printf(" %5d",a[i][j]);

      //逐元素比较,寻找最大值,并刷新最大值及最大值位置
      if(a[i][j]> max)
      {
        max = a[i][j];
        pos = j;
      }
    }

    //输出每行最大值位置及元素值
    printf("\nThe biggest data: a[ %d][ %d] = %d\n",i,pos,max);
  }
  return 0;
}
```

程序运行结果如图 5-2-1 所示。

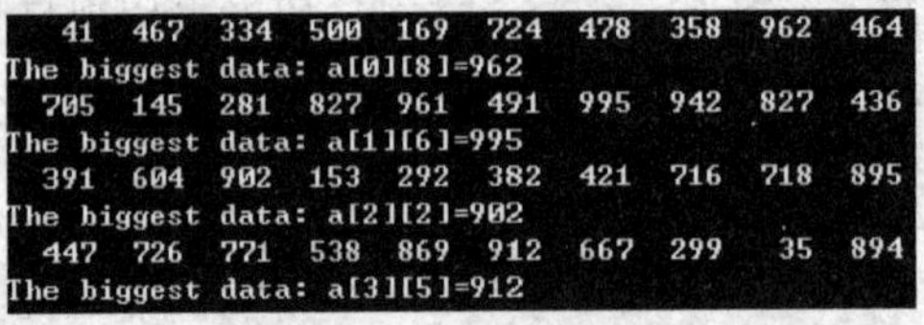

```
   41  467  334  500  169  724  478  358  962  464
The biggest data: a[0][8]=962
  705  145  281  827  961  491  995  942  827  436
The biggest data: a[1][6]=995
  391  604  902  153  292  382  421  716  718  895
The biggest data: a[2][2]=902
  447  726  771  538  869  912  667  299   35  894
The biggest data: a[3][5]=912
```

图 5-2-1

2. 例题 2,使用二维数组编写程序,实现以下功能。

(1) 按姓名查询班级中某个学生的各门功课的成绩。

(2) 输出班级中至少有一门课程不及格的学生的全部信息。

```
#include <stdio.h>
#include<string.h>
int main()
{
  char name1[10];
  char name[5][7] = {"李寻欢","喂小饱","成家了","王语鄢","张无际"};//
  float score[5][3] = { {87,8.5,4},{56,64,62},{72,44,87},
                        {73,60,64},{66,98,78}};
  int i, j,choice;

  //用户选择菜单
  printf("\t1: 按学生姓名查找\n") ;
  printf("\t2: 输出至少一门课程不及格的学生的全部信息\n") ;

  printf("请输入你的选择: ") ;
  scanf(" %d",&choice);
```

```
    //输入1或2进入循环,否则结束循环,程序结束
    while(choice == 1 || choice == 2)
    {
      //按学生姓名查找
      if (choice == 1)
      {
        printf("请输入要查询的学生姓名: ");
        getchar();                                //读掉缓冲区的回车符,清空缓冲区
        gets(name1);//读入用户输入的姓名
        for(i = 0; i < 5; i++)
        {
          if(strcmp(name1,name[i]) == 0)    //姓名比较
          {
            printf(" %10s %10s %10s %10s","姓名","语文","数学","英语");
            printf("\n %12s",name[i]);
            //循环输出三门功课成绩
            for(j = 0; j < 3; j++)
              printf(" %10.2f",score[i][j]);
            printf("\n") ;
          }
        }
      }
      //用户选择2,输出至少一门课程不及格的所有学生信息
      else
      {
        printf(" %10s %10s %10s %10s\n", "姓名","语文","数学","英语");
        for(i = 0; i < 5; i++)
        {
          for(j = 0; j < 3; j++)
          {
            if(score[i][j]< 60)                //找到不及格课程
            {
              printf(" %12s",name[i]);     //输出学生姓名
              for(j = 0; j < 3; j++)         //输出学生三门成绩
                printf(" %10.2f",score[i][j]);
              printf("\n") ;
              break;                         //提前结束内循环,去查找下一个学生
            }
          }
        }
      }
      printf("请继续输入你的选择:") ;
      scanf(" %d",&choice);
    }
    return 0;
}
```

程序运行结果如图 5-2-2 所示。

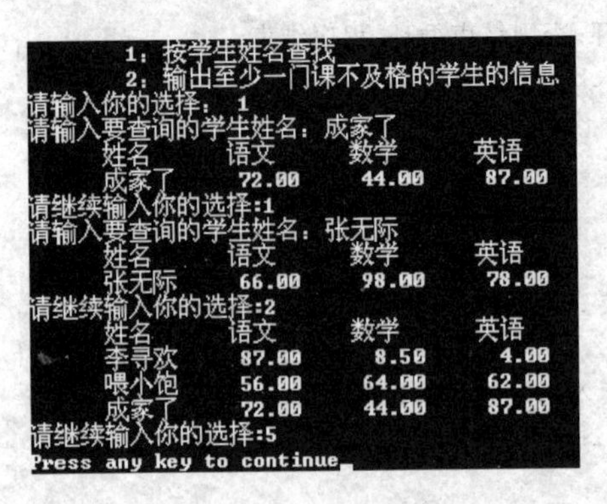

图 5-2-2

【Q&A】

1. Q：使用数组时，如果下标大于该数组包含的元素数目，将会出现什么现象？

A：上述情况，也称为下标越界，由于编译器并不检查数组下标越界错误，因此仍可以通过编译，甚至能够运行。但是，运行的结果不可以预测，甚至可能导致较严重的后果。因此，需要程序设计人员自行控制好数组下标，避免数组下标越界。

2. Q：数组可以有多少维？

A：理论上，C语言对数组的维数没有限制，数组可以有任意维数。数组的维数越多，数组使用的数据存储空间越大，控制过程也越复杂。声明数组时，应以够用为原则，尽量选用较少维数的数组，以降低程序控制的难度，同时避免浪费存储空间。

3. Q：数组元素是否可以未被初始化就使用？

A：数组元素与其他变量相似，如果未经初始化就使用并不会导致编译错误。但是，未被初始化的数组元素因为其存储单元的值是随机值，其使用结果不可预测。因此，同其他变量一样，使用前必须对其初始化，以确保程序运行稳定和结果正确。

4. Q：数组间为何不能使用赋值运算符＝(如 a＝b 的形式)进行复制操作？

A：该操作非法。这是由于在声明数组时编译器为数组分配空间，将数组名视作其起始地址常量，而常量不能作为左值使用。

如果要复制一个数组给另一个数组，最简单的方法是利用循环对数组元素逐个进行复制；另一个方法是使用＜string.h＞中的函数 memcpy(功能为内存复制，是个底层函数或低级函数，它把字节从一个地方简单复制到另一个地方，memcpy(a,b,sizeof(a));)，不在本教程讨论范围之内。

【实验内容】

1. 设计一个 n 阶方阵，随机初始化所有元素值为不超过 100 的整数，求出两条对角线元素值之和。

提示：分析主对角线和副对角线元素下标的特点。

2. 编程打印杨辉三角。**提示**：用二维数组存放杨辉三角形中的数据。

```
1
1  1
1  2  1
1  3  3  1
1  4  6  4  1
1  5  10 10 5  1
```

3. 设计程序用于存放某班级学生(假设不超过50人)三门功课(高等数学、程序设计、英语)的成绩。程序检测并输出有不及格功课的学生序号,及该生的所有功课成绩。

4. 假设有某班级(不超过50人)三门功课(高等数学、程序设计、英语)的成绩单,要求设计程序计算每位同学的个人平均分,以及每门功课的班级平均分,并输出成绩汇总表。

【课后练习】

1. 选择题。

(1) 以下对二维数组a的正确声明是________。

A. int a[3][ ];　　B. float a(3,4);

C. double a[1][4];　　D. float a(3)(4);

(2) 有声明int a[3][4];,则对a数组元素的正确访问是________。

A. a[2][4]　　B. a[1,3]　　C. a[1+1][0]　　D. int a(2)(1)

(3) 以下能对二维数组a正确初始化的语句是________。

A. int a[2][] = {{1,0,1},{5,2,3}};

B. int a[][3] = {{1,2,3},{4,5,6}};

C. int a[2][4] = {1,2,3},{4,5},{6};

D. int a[][3] = {{1,0,1},{},{1,1}}

(4) 若有说明:int a[][2]={1,2,3,4,5,6,7};,则a数组第一维的大小是________。

A. 2　　B. 3　　C. 4　　D. 无确定值

(5) 若有说明:int a[3][4];,则数组a中各元素________。

A. 可在程序的运行阶段得到初值0

B. 可在程序的编译阶段得到初值0

C. 不能得到确定的初值

D. 可在程序的编译或运行阶段得到初值0

(6) 已知int i, x[3][3]={1,2,3,4,5,6,7,8,9};,则以下语句的输出结果是________。

```
for(i = 0; i < 3; i++)
  printf(" % d", x[i][2 - i]);
```

A. 159　　B. 147　　C. 357　　D. 369

2. 阅读程序,写出运行结果。

```
#include < stdio.h >
int main()
```

```
{
    int a[6][6],i,j;
    for(i = 1; i < 6; i++)
        for(j = 1; j < 6; j++)
            a[i][j] = (i/j) * (j/i);

    for(i = 1; i < 6; i++)
    {
        for(j = 1; j < 6; j++)
            printf(" % 2d",a[i][j]);
        printf("\n");
    }
    return 0;
}
```

3. 下面程序的功能是将十进制整数转换成二进制整数,如图 5-2-3 所示,请填空完成程序设计。

```
Input data that will be converted: 19
19D = 10011B
```

图 5-2-3

```
#include < stdio.h >
int main()
{
  int k = 0, n, j, num[20] = {0};
  printf("Input data that will be converted: ");
  scanf(" % d", &n);
  printf(" % dD = ", n);

  while(n! = 0)
  {
      num[k] = ______________;
      n = ______________;
      k++;
  }
   k = k - 1;
  for( ;______________;______________)
  {
      printf(" % d", num[k] );
  }
  printf("B\n");
  return 0;
}
```

4. 编写程序,找出满足以下程序要求的最大值元素,并指出最大值所在的位置。

(1) 二维数组中的最大值,效果如图 5-2-4 所示。

(2) 二维数组中每一行的最大值,效果如图 5-2-5 所示。

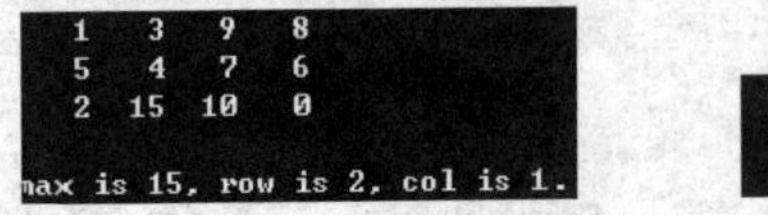

图 5-2-4

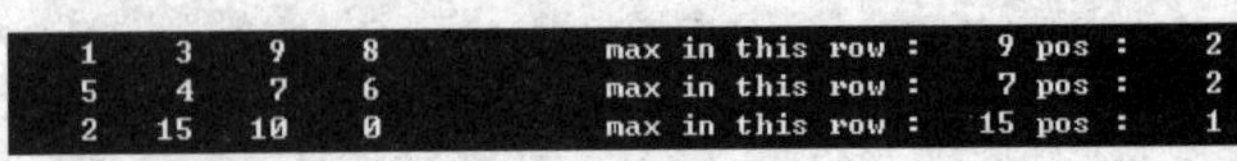

图 5-2-5

5. 求一个 4×4 方阵的马鞍点(某一元素,该元素是所在行的最大值,同时,也是所在列的最小值)。程序运行效果如图 5-2-6 所示。

提示:

(1) 逐行寻找行最大值元素。

(2) 判断该元素是否同时也是该列最小值,若是,标记鞍点,结束查找操作;若不是,继续(1),寻找下一行最大值元素。

```
Enter data of array 4*4:
a[0][0]:1
a[0][1]:2
a[0][2]:3
a[0][3]:4
a[1][0]:2
a[1][1]:3
a[1][2]:4
a[1][3]:5
a[2][0]:5
a[2][1]:6
a[2][2]:7
a[2][3]:8
a[3][0]:14
a[3][1]:13
a[3][2]:12
a[3][3]:11
   1   2   3   4
   2   3   4   5
   5   6   7   8
  14  13  12  11
saddlePointRow:0
saddlePointCol:3
Press any key to continue...
```

图 5-2-6

```
#include <stdio.h>
#define M 4
#define N 4
int main()
{
    int i, j, found, a[M][N];
  int value, row, col; //用于标记鞍点值及位置

  printf("Enter data of array %d*%d:\n", M, N);

  /*初始化二维数组*/
  for (i = 0; i < M; i++)
  {
      for (j = 0;j < N; j++)
      {
        printf("a[%d][%d]:", i, j);
        scanf("%d", &a[i][j]);
      }
  }

  /*输出二维数组*/
  for (i = 0;i < M;i++)
  {
      for (j = 0;j < N;j++)
      {
        printf("%4d", a[i][j]);
      }
      printf("\n");
  }

  /*填写代码,逐行寻找马鞍点*/




  /*输出结果*/
    if (found)
      printf("saddlePointRow:%d\nsaddlePointCol:%d\n", row, col);
  else
      printf("saddlePoint is not exsit\n");
  return 0;
}
```

6. *洗发牌模拟程序介绍。

一副扑克牌有54张,为简单起见,这里撇去大小王不计,剩下52张扑克共4种花色:红桃(Heart),方块(Diamond),梅花(Club),黑桃(Spade),其ASCII码分别为3,4,5,6。扑克牌的面值则有十三种:A(Ace),两点(Deuce),三点(Three),四点(Four),五点(Five),六点(Six),七点(Seven),八点(Eight),九点(Nine),十点(Ten),丁钩(Jack),皇后(Queen)与老K(King)。

发牌过程要求随机以体现玩牌过程的公正性。发牌之前要先洗牌(Shuffle),以打乱扑克牌的顺序,增强随机性。

发牌逻辑模拟:用一个4×13的整型二维数组deck表示一副牌,值为0表示没有牌,1~52之间的数代表扑克牌的发牌顺序。行与花色相对,0~3分别代表红桃,方块,梅花和黑桃;列与面值对应,即0~9列分别表示数字A~10,10~12代表J,Q和K。综合起来,若deck[1][9]的值为27,表示扑克牌方块10为当前一手牌的第27张。发牌的逻辑可利用循环结构将二维数组所对应的各扑克牌的花色与面值显示出来。

洗牌逻辑模拟:首先,数组Deck清0,分别随机选取一行随机选取一列(即等于拿了一张扑克牌)已拿走的牌做好序号标记,待拿完52张时,整个洗牌过程结束。(注意结束时的状态Deck数组全部非零。)

洗发牌程序运行效果如图5-2-7所示。

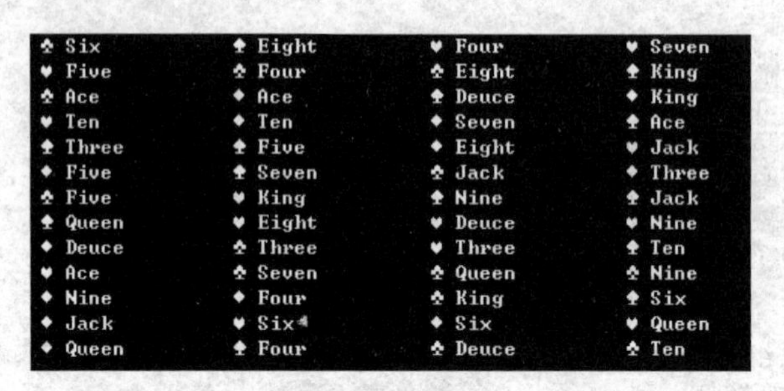

图 5-2-7

实验5-3 字符数组和字符串

【知识点回顾】

1. 关于数据类型的说明

(1) C语言中有字符型数据常量(比如'a','\0'等)和字符型数据变量(char ch;)。

(2) C语言中有字符串常量(如"I am happy."),没有字符串型变量。

(3) C语言中提供了字符数组来实现一批字符的处理操作。

2. 字符数组

(1) 字符数组声明:

```
char first[10];
char second[2][10];
```

(2) 字符数组声明并初始化:

```
char animal[5] = {'p', 'a', 'n', 'd', 'a'};
char name[6] = {"panda"};
char country[] = "CHINA";
char courses[3][20] = {"C Programming", "College English", "advanced mathematics"};
```

3. 字符串

(1) C语言将字符串定义为以空字符('\0')结尾的字符序列。

(2) 空字符是一个特殊字符,该字符的ASCII码是0。

4. 字符数组与字符串

(1) 字符串常量:内容只能读,不能改写。若需要改写,必须借助于字符数组。

(2) 字符数组:上述字符数组声明并初始化后

animal只是个字符数组(没有空字符标记,因此不能称之为字符串);

name既是字符数组,也可称为字符串,即既支持读操作,也支持写操作;

country同name分析;

courses是二维字符数组,也可以认为courses中有三个字符串。

5. 字符数据的输入输出

(1) 输入:假设有char ch;,则scanf("%s",&ch);和ch=getchar();均可。

(2) 输出:printf("%c",ch);和putchar(ch);均可。

6. 字符串的输入输出

(1) 输入:假设有char str[10];

scanf("%s",str);适用于键盘输入的一串字符中没有空格的情况。

gets(str);适用于键盘输入的一串字符中包含空格的情况。

(2) 输出:

printf("%s",str);

puts(str);输出后会产生一个换行

【典型例题】

1. 例题1,以下程序均有两组提取输入的处理语句,执行时均输入过 I am a student.<回车>,表5-3-1中的两个程序,运行效果却不同,如图5-3-1所示,用户仅输入一次,而如图5-3-2所示,用户进行了两次输入操作。

表 5-3-1

<table>
<tr>
<td><pre>#include <stdio.h>
#include <string.h>
int main()
{
    char str[30];
    scanf("%s", str);//提取信息到空格结束
    printf("str = %s\n",str);
    gets(str);   //提取剩余信息
    printf("str = %s\n",str);
    return 0;
}</pre></td>
<td><pre>#include <stdio.h>
#include <string.h>
int main()
{
    char str[30];
    gets(str);//改动,第一次输入
    printf("str = %s\n",str);
    gets(str);//第二次提取输入
    printf("str = %s\n",str);
    return 0;
}</pre></td>
</tr>
<tr>
<td>输入 I am a student.<回车><pre>I am a student
str = I
str = am a student</pre>图 5-3-1</td>
<td>两次输入操作<pre>I am a student
str = I am a student
enter again
str = enter again</pre>图 5-3-2</td>
</tr>
<tr>
<td>解释:scanf提取字符信息时,遇到空格结束(将空格默认为分隔符),但此时,输入缓冲区中还有字符,不为空,因此程序执行到gets语句时,并不停下来等待用户输入,而直接将缓冲区中剩下的所有数据信息提取出来,送入str数组,直到回车结束</td>
<td>解释:每次gets操作能够提取整个缓冲区中的所有字符,因此第二个gets操作时,缓冲区已被清空,程序停下来等待用户再次输入</td>
</tr>
</table>

2. 例题2,有已按照升序排好的字符串a,下面的程序将字符串s中的每个字符按升序规则插到数组a中。

```
#include <stdio.h>
#include <string.h>
int main()
{
    char a[20] = "cehiknqtw";
```

```
    char s[] = "fbla";
    int i,k,j;

    puts(a);
    puts(s);
    for(k = 0; s[k]! = '\0'; k++)
    {
        j = 0;                                  //初始化插入位置
        while(s[k]> = a[j] && a[j]! = '\0')     //找寻插入位置
            j++;
        for(i = strlen(a); i> = j; i-- )        //后面元素依次后移,腾出插入位
            a[i+1] = a[i] ;
        a[j] = s[k];                            //插入已腾出的空位
    }
    puts(a);
    return 0;
}
```

程序运行结果如图 5-3-3 所示。

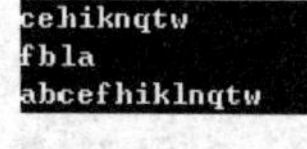

图 5-3-3

【Q&A】

1. Q：'T'和"T"有何区别？

A：'T'是一个字符常量,内存中只占用一个字节空间,"T"则是一个字符串常量,内存中需要占用两个字节空间'T'和'\0',这是因为字符串需要一个空字符'\0'作为结束标记。

2. Q：为什么 char myname[10]; myname＝"Zhangsan";是错误的？

A：在 C 语言中,由于字符串与字符数组之间的关系比较紧密,所以经常发生把字符串复制给数组名的错误。事实上,在编译器"眼"中,数组名是该数组连续空间的起始地址,是一个"常量",不能作为赋值表达式的左值。

如果要利用字符串初始化字符数组,可以写为 char myname[10]＝ "Zhangsan";。如果声明时未初始化,之后还可以利用 string.h 中的库函数进行串赋值：strcpy(myname, "Zhangsan");。

3. Q：何为字符串的长度？如何得到一个字符串的长度？

A：字符串的长度即为字符串第一个字符到第一个空字符'\0'之间的字符个数(不包括空字符'\0')。可以使用 string.h 中的 strlen()库函数计算字符串的长度。如 char str[20]＝ "It's a book. ";,而字符数组 str 的长度为 20,字符串 str 的长度为 strlen(str),即 12。

4. Q：字符串常量可以有多长？

A：按照 C 语言的标准,编译器必须最少支持 509 个字符长的字符串常量。许多编译器会允许更长的字符串常量。

5. Q：是否每个字符数组都应该包含空字符呢？

A：不是必需的。如果该字符数组不作为字符串使用,只对其中的字符进行字符处理,就没有必要预留空字符空间。

6. Q：若有定义 char str1[]="good";char str2[]={'g','o','o','d'};，那么 str1 和 str2 相同吗？

A：str1 和 str2 不相同。

第一，针对字符数组的这两种初始化方式都合法，但却并不等价。前者利用字符串常量初始化 str1，最后还有一个'\0'，共计包含 5 个字符，后者仅有 4 个字符。

第二，str1 由于包含字符串结束符，因此既是字符数组，也可以称为字符串；str2 只是字符数组，不能称为字符串。

【实验内容】

1. 设计程序输出内容如图 5-3-4 所示，请利用二维字符数组完成此程序。

2. 设计程序，用于存放某班级学生(假设不超过 50 人)姓名和三门功课的成绩。并输出成绩报表，效果如图 5-3-5 所示。

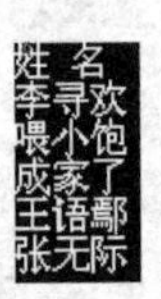

图 5-3-4

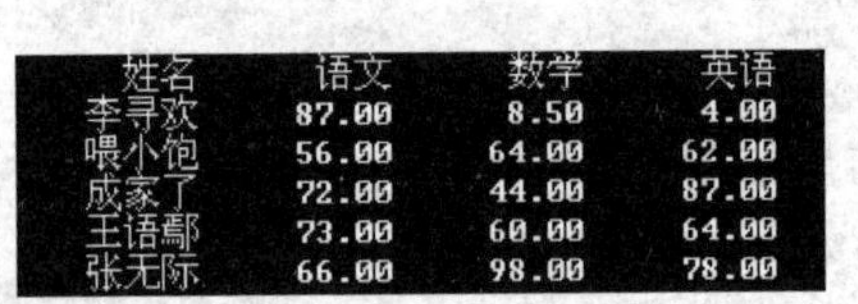

图 5-3-5

3. 编写程序，用来寻找一组单词(不超过 10 个)中“最大”单词和“最小”单词。当用户输入单词后，程序根据字典的排序顺序决定排在最前面和最后面的单词。假设所有单词都不超过 20 个字母。程序与用户的交互显示如下所示：

```
Enter word: dog
Enter word: zebra
Enter word: rabbit
Enter word: design
Enter word: pattern
Enter word: mammal
Enter word: fish
Enter word: panda
Enter word: queen
Enter word: horse
Samllest word: design
Largest word: zebra
```

提示：比较思路与以往程序设计中，在一批整型数据中找出最大值、最小值思路相仿，用 smallest_word 与 largest_word 分别记录当前“最小”和“最大”单词。使用 strcmp 进行单词比较。

4. 试对一组单词进行字典排序，比如题 3 中的 10 个单词。

5. 设计程序，其功能是将已按照升序排好的两个字符串 a 和 b 中的字符仍然按照升序归并到字符串 c 中，如图 5-3-6 所示。

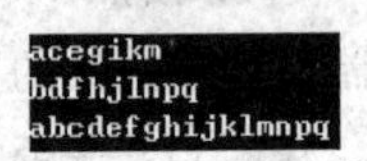

图 5-3-6

【课后练习】

1. 选择题。

(1) 下面是对 s 的初始化,其中不正确的是________。

A. char s[5] = {"abc"};　　B. char s[5] = {'a', 'b', 'c'};

C. char s[5] = "";　　D. char s[5] = "abcdef";

(2) 对两个数组 a 和 b 初始化,则以下正确的叙述是________。

```
char a[ ] = "ABCDEF";
char b[ ] = {'A', 'B', 'C', 'D', 'E', 'F'};
```

A. a 与 b 数组完全相同　　B. a 与 b 长度相同

C. a 和 b 都存放字符串　　D. a 数组比 b 数组长度长

(3) 要使字符数组 str 存放一个字符串"ABCDEFGH",正确的语句是________。

A. char str[8] = {'A', 'B', 'C', 'D', 'E', 'F', 'G', 'H'};

B. char str[8] = "ABCDEFGH";

C. char str[]={'A', 'B', 'C', 'D', 'E', 'F', 'G', 'H'};

D. char str[]= "ABCDEFGH";

(4) 有两个字符数组 a、b,则以下正确的输入语句是________。

A. gets(a, b);　　B. scanf("%s%s", a, b);

C. scanf("%s%s", &a, &b);　　D. gets("a"), gets("b");

(5) 有两个字符数组 a[80]、b[80],则以下正确的输出语句是________。

A. puts(a, b);　　B. printf("%s,%s", a[], b[]);

C. putchar(a, b);　　D. puts(a), puts(b);

(6) 判断字符串 a 和 b 内容是否相同,应当使用________。

A. if(a == b)　　B. if(a = b)

C. if(strcpy(a, b))　　D. if(strcmp(a, b)==0)

(7) 判断字符串 s1 是否大于 s2,应当使用________。

A. if(s1 > s2)　　B. if(strcmp(s1, s2))

C. if(strcmp(s2, s1) > 0)　　D. if(strcmp(s1, s2) > 0)

(8) 已知 char str1[10], str2[10]={"books"},能够将字符串"books"赋给数组 str1 的语句是________。

A. str1[10]={"Books"};　　B. strcpy(str1, str2);

C. str1=str2;　　D. strcpy(str2, str1);

(9) 要使字符串数组(二维数组)str 含有"ABCD","EFG"和"xy"三个字符串,不正确的语句是________。

A. char str[][4] = {"ABCD", "EFG", "xy"};

B. char str[][5] = {"ABCD", "EFG", "xy"};

C. char str[][6] = {"ABCD", "EFG", "xy"};

D. char str[][7] = {{'A', 'B', 'C', 'D', '\0'}, "EFG", "xy"};

(10) 下面是对字符数组的描述,其中不正确的是________。

A. 字符数组可以存放字符串

B. 字符数组中的字符串可以进行整体输入/输出

C. 可采用 char str[10]; str[]="ABCDEFGH";的形式对字符数组整体赋值

D. 字符数组的下标从 0 开始

2. 填空题。

(1) 下面程序段的运行结果是________。

```
char a[7] = "abcdef";
char b[4] = "ABC";
strcpy(a, b);
printf(" %c", a[5]);
```

(2) 上题中最后一句若改为 printf("%s", a);,运行结果是________。

(3) 存放字符'A'占用________个字节,存放字符串"A"占用________个字节。

(4) 调用 strlen("abcd\0ef\0g")的返回值是________。

3. 阅读程序,写出运行结果。

```
#include <stdio.h>
int main()
{
    int i;
    char s[3][20] = {"This is a book","talking about","C language"};

    for(i = 0;i < 3;i++)
        printf(" %s ",s[i]);
    printf("\n");
    return 0;
}
```

4. 阅读程序,写出运行结果。

```
#include <stdio.h>
int main()
{
    char name[][11] = {"韦小包","John Smith","香芋派","吉奥搜度"};
    int i;

    for(i = 0;i < 4;++i)
        puts(name[i]);
    return 0;
}
```

5. 试设计程序,将一个整数转换成相应的字符串,如将整数 123 转换成为字符串"123"。再考虑将字符串转换为整数的情况。

6. 下面程序段是输出两个字符串中对应相等的字符。

```
char x[] = "Shanghai";
```

```
char y[] = "guangzhou";
int i = 0;
while(x[i]! = '\0' && y[i] ! = '\0')
{
   if(x[i] == y[i])
       printf(" %c", __________);
   else
      i++;
}
```

7. 编写程序,功能是输入一个字符串,然后输入一个指定字符,将字符串中包含的所有指定字符删除,如图 5-3-7 所示,首先输入字串“hello, everyone!”,然后用户输入指定字符'o',程序将字串中的'o'字符全部删除,并最终输出处理过的字串。

```
Please input a string: hello, everyone!
which character will be deleted? o
hell, everyne!
```

图 5-3-7

实验6-1 函　　数

【知识点回顾】

1. 函数使用三环节

（1）函数声明（也称为函数原型）。

（2）函数定义。

（3）函数调用。

2. 函数声明

（1）函数声明也称为函数原型，由函数首部加分号构成。

（2）函数原型说明了函数的全部使用规则：函数名称、使用该函数需要提供的参数个数、每个参数的数据类型，以及该函数返回值的数据类型。

（3）在函数原型中，参数列表可以只提供类型，缺省参数名。

（4）函数原型需在函数调用之前，既可声明在任意函数之外，也可以声明在主调函数的声明区。

（5）如果函数定义出现在主调函数之前，则函数原型可以缺省。

3. 函数定义

（1）函数定义分为函数首部和函数体两部分，形如

```
类型标识符 函数名(形式参数列表)
{
    语句序列
}
```

（2）函数首部说明了函数名称、使用该函数需要提供的形参（parameter）列表（形参个数、每个形参的数据类型和名称（不可缺省）），以及该函数返回的数据类型。

（3）函数体则定义了该函数完成的任务及实现的细节。函数的实际工作是在函数体中完成的。

（4）函数不能嵌套定义。

4. 函数调用

（1）函数调用处使用的参数称为实际参数，简称实参（argument）。实参类型与实参数目必须与形参类型和形参数目保持一致。

（2）函数调用处的实参通常在使用前已声明过数据类型，因此调用处无须注明其类型。

（3）函数可以嵌套调用。

（4）如果函数返回类型为 void，说明函数没有返回值，则函数调用以独立的一条语句方

式进行。如果函数返回类型并非void,这说明函数具有返回值,则函数调用可以出现在表达式中。

5. 函数调用时的参数传递过程

(1) 形参与实参类型匹配检测。

(2) 为形参开辟空间。

(3) 实参向形参赋值。

【典型例题】

1. 例题1,星阵输出如图6-1-1所示。

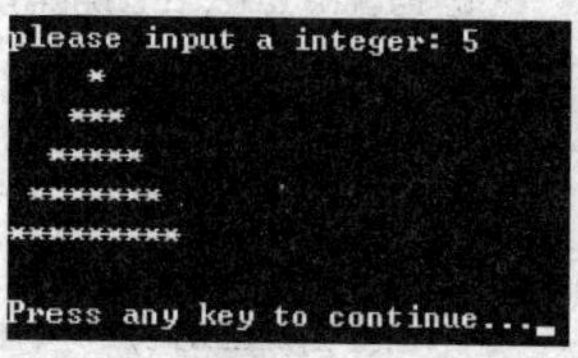

```
#include<stdio.h>
void star(int n);                         //函数声明
void space(int n);                        //函数声明
int main()
{
    int row, i;
    /*用户输入行数(送给变量row)*/
    printf("please input a integer: ");
    scanf("%d", &row);

    /*控制row行输出*/
    for(i=1; i<=row; i++)
    {
        //调用函数,打印空格
        space (row - i );

        //调用函数,打印星星
        star( 2 * i - 1 );

        //回车换行
        printf("\n");
    }
    printf("\n");
    return 0;
}
//star函数定义
void star(int n)
{
    int i;
    for(i=1; i<=n; i++)
    {
        printf("*");
    }
}
```

```
please input a integer: 5
    *
   ***
  *****
 *******
*********

Press any key to continue...
```

图 6-1-1

```
//space 函数定义
void space(int n)
{
    int i;
    for(i = 1; i <= n; i++)
    {
        printf(" ");
    }
}
```

2. 例题 2,求一个正整数的阶乘,如图 6-1-2 所示。

```
please input a number here: 5
factorial number of 5 is 120.
```

图 6-1-2

```
#include <stdio.h>
int factorial (int base);                          //函数声明

int main()
{
    //变量声明
    int x, result;

    //提示用户输入及数据提取
    printf("please input a number here: ");
    scanf("%d", &x);

    //调用函数计算 x 的阶乘
    result = factorial (x);

    //输出计算结果
    printf("factorial number of %d is %d.\n", x, result);
    return 0;
}

//函数定义
int factorial (int base)
{
    int count , product = 1;
    //循环结构计算形参 base 的阶乘
    for(count = 1; count <= base; count++)
    {
        product *= count;
    }
    return (product);                              //返回计算结果给主调函数
}
```

【Q&A】

1. Q:什么是自顶向下的设计(top-down design)?

A:设计算法最有效的手段就是将任务分解成多个子任务,再将每个子任务分解成更小的子任务，以此类推。最终，子任务会变得非常小，容易利用已有的算法实现。这种设计称为自顶向下设计，有时也称为逐步求精(stepwise refinement)，或者更形象地称之为分而治之(divide and conquer)。

2. Q：为什么要使用函数？

A：函数是模块化编程的重要概念之一，使用函数的原因主要有以下三点。

第一，函数一旦设计编写完毕，可以被重复使用，开发人员可以在已有函数的基础上，设计新的程序，而不用从头做起，省去相同代码的重复编写，提高了程序的可重用性，从而提高了程序的开发效率。

第二，一个大的程序划分为若干个模块，每个模块由一定的函数来实现，这将使得程序的设计结构比较清晰，提高程序的可读性。

第三，有了函数，使得函数使用和函数定义相对独立，可以把函数看做"黑盒子"，用户只要按规则调用函数，即可得到预期结果，而不用关心函数内部究竟是如何工作的。只要函数首部不变，函数体中代码的更改并不会影响用户的使用，使得修改、维护程序变得更加轻松，提高了程序的可维护性。

3. Q：源程序文件中第一个函数必须是main()函数吗？

A：不一定。C程序中，主函数main()必不可少，运行C程序时，一定由主函数开始，并结束于主函数。但是主函数却未必要放在首位，可以放在其他函数之后。一般情况下，习惯将它放在最前面或者最后面。

4. Q：为什么一定要写函数原型？如果把所有函数的定义放置在main函数之前，不就没问题了吗？

A：这个是假设只有main函数调用其他函数，这是不切实际的。实际上，有些函数将相互调用，如果把所有的函数定义都放在main之前，就必须仔细考虑它们之间的顺序，因为调用未定义的函数可能导致大问题。尤其假设有两个函数相互调用的情况下，无论先定义哪个函数，都将产生函数未定义问题。更麻烦的是，一旦程序达到一定的规模，在一个文件中放置所有的函数是不可行的，当遇到这种情况时，就需要函数原型告诉编译器在其他文件中本函数已定义。

5. Q：如果函数原型中省略了函数的返回类型，表示该函数是没有返回值的函数吗？

A：不是。如果函数原型中省略了函数的返回类型，则表示该函数采用默认的int作为返回类型。对于没有返回值的类型，则应该将返回类型设置为void来明确说明该函数没有返回值。

6. Q：形参是否能与实参同名？

A：能，所有函数参数和函数体内部声明的变量如int x;之类，起作用范围均限于本函数，而形参位于被调函数，作用范围限于被调函数之内。而实参位于主调函数，作用范围限于主调函数之内，彼此并不互扰。因此，形参可以与实参同名，而并不是同一个变量。

7. Q：实参为什么不写数据类型？

A：函数原型与函数定义的函数首部已经确定了函数的使用规则，在函数调用处，遵守该规则即可。通常，在函数调用之前，实参都已经被声明并初始化了，因此，函数调用处按照规则使用即可，不必也不能再写出数据类型。

【实验内容】

1. 设计一个满足如下条件的printChar函数。

(1) 该函数不带有返回值。

(2) 该函数带有两个参数：

参数一为字符型数据，说明要打印的是哪个字符。

参数二为整型数据，说明参数一指定的字符要打印多少个。

2. 仿照典型例题，使用题1的设计结果，进行程序设计，分别打印出①钻石星阵；②钻石字母阵。

3. 按如下要求一步步设计函数converse。

(1) 该函数不带有返回值，拥有一个字符型参数，写出函数原型。

(2) 该函数的功能是判断参数带入的字符，如果该字符为大写，转化为小写输出；如果该字符为小写，则转化为大写输出；写出函数定义。

(3) 设计main函数，用于测试converse函数：在主函数中，连续输入字符，对每个字符调用converse函数，其运行结果如图6-1-3所示。

```
AbCdEFgh123iJK!
aBcDefGH123Ijk!
```

图 6-1-3

4. 设计一个函数isPrime，该函数用于判定一个数是否是素数。试分析该函数的参数与返回类型，并撰写main函数，输出2～100之间所有素数，以测试isPrime函数是否能够正确运行。

5. 编写check(x,y,n)函数以满足以下要求：如果x和y都落在0～n－1的闭区间内，那么使得函数check返回1。否则，函数应该返回0。假设x、y和n都是int类型。

【课后练习】

1. 选择题。

(1) C语言程序由函数组成。它的________。

A. 主函数必须在其他函数之前，函数内可以嵌套定义函数

B. 主函数可以在其他函数之后，函数内不可以嵌套定义函数

C. 主函数必须在其他函数之前，函数内不可以嵌套定义函数

D. 主函数必须在其他函数之后，函数内可以嵌套定义函数

(2) 下面正确的描述是________。

A. C语言程序总是从第一个定义的函数开始执行

B. 在C语言程序中，要调用的函数必须在main()函数中定义

C. C语言程序总是从main()函数开始执行

D. C语言程序中的main()函数必须放在程序的开始部分

(3) 若调用一个返回void型的函数，则正确的说法是________。

A. 返回时不携带任何值　　　　B. 返回若干个系统默认值

C. 能返回一个用户所希望的函数值　　　　D. 返回一个不确定的值

(4) C语言规定,函数返回值的类型由________。

A. return语句中的表达式类型所决定

B. 调用该函数时的主调函数类型所决定

C. 调用该函数时系统临时决定

D. 函数首部中的函数返回类型决定

(5) 对于某个函数,可以不做显式函数声明的情况是________。

A. 被调用函数是无参函数

B. 被调用函数是无返回值的函数

C. 函数定义在主调函数之前

D. 函数定义在主调函数之后

(6) 以下正确的函数声明语句是________。

A. double fun(int x, int y)

B. double fun(int x; int y)

C. double fun(int, int);

D. double fun(int x, y);

(7) 以下正确的函数定义是________。

A.
```
double fun(int x, int y)
{
    z = x+y;
    return z;
}
```

B.
```
fun(int x, y)
{
    int z;
    return z;
}
```

C.
```
fun(x, y)
{
    int x,y; double z;
    z = x+y;
    return z;
}
```

D.
```
double fun(int x, int y)
{
    double z;
    z = x+y;
    return z;
}
```

2. 阅读程序,写出运行结果。

```
#include<stdio.h>
int func1(int x);
int func2(int x);

int main()
{
    int x = 10;
    func1(x);
    printf("%d\n",x);
}

int func1(int x)
{
    x = 20;
    func2(x);
    printf("%d\n",x);
}

int func2(int x)
```

```
{
    x = 30;
    printf("%d\n",x);
}
```

3. 阅读程序,写出运行结果。(注意局部变量局部有效。)

```
#include <stdio.h>
int main()
{
    int x = 10;
    {
        int x = 20;
        printf("%d\n",x);
    }
    printf("%d\n",x);
    return 0;
}
```

4. 阅读程序,写出运行结果。

```
#include <stdio.h>
void add();

int main()
{
    int i;
    for(i = 0; i < 3; i++)
        add();
    printf("\n");
    return 0;
}

void add()
{
    static int x = 0;
    x++;
    printf("%3d",x);
}
```

5. 阅读程序,写出运行结果。

```
#include <stdio.h>
int f(int a);

int main()
{
    int a = 2, i;

    for(i = 0;i < 3;i++)
        printf("%4d",f(a));
    printf("\n");
```

```
    return 0;
}

int f(int a)
{
    int b = 0;
    static int c = 3;

    b++;
    c++;
    return (a + b + c);
}
```

6. 阅读程序，写出运行结果。

```
#include < stdio.h >
int a = 2;
int f(int a);

int main()
{
    int s = 0;
    {
        int a = 5;
        s += f(a);
    }

    s += f(a);
    printf(" %d\n",s);

    return 0;
}

int f(int a)
{
    return (++a);
}
```

7. 定义函数 digit(n,k)，它回送整数 n 的从右开始数第 k 个数字的值。例如：digit(15327,4)＝5；digit(289,5)＝0，效果如图 6-1-4 所示，请尝试补充完成本程序。

```
#include < stdio.h >
int digit(int n, int k);                                  //声明函数
int main()
{
    int n, k;
    printf("Enter n,k: ");
    ______________________                                //接收用户输入的 n,k 值
    printf("\nThe result is: %d\n", digit(n,k)        );  //调用函数
    return 0;
}
```

```
Enter n,k: 15327, 4
The result is:5
```

图 6-1-4

```
________ digit(________________)               //定义函数,内容行数不限,实现功能即可
{
    int d;
    ______________________________
    ______________________________
    ______________________________
    ______________________________
    ______________________________
    return (d);                                  //向主调函数返回第k位数字值
}
```

8. 程序填空,完成函数定义,程序运行效果如图 6-1-5 所示。

```
please input two double number: 5.6 7.3
7.30
```

图 6-1-5

```
#include <stdio.h>
______________________________________

int main()
{
    double x, y;

    printf("please input two double number: ");
    scanf("%lf %lf", &x, &y);

    printf("%.2f\n", max(______,______));
    return 0;
}

double max(double a, double b)
{
    return (________________________________);
}
```

9. 定义一个函数 check(n, d),它回送一个结果。如果数字 d 在整数 n 的某位中出现,则回送“真”,否则回送“假”。例如:check(3256,2)=true; check(1725,3)=false;。编写完整的程序,效果如图 6-1-6 所示。

```
Enter n,d: 41632, 6
The digit 6 is in data 41632
```

图 6-1-6

注意:下列打印输出任务均在主函数中完成。

改进版:类似于以上要求,6 出现在 41632 中,那么能否具体告知出现在右起第几位?如 check(41632, 6)=3,若未出现,则 check(1725,3)=0。效果如图 6-1-7 和图 6-1-8 所示。

注意:下列打印输出任务均在主函数中完成。

```
Enter n,d: 24513, 5
The digit 5 is in data 24513, position is 3.
```

图 6-1-7

```
Enter n,d: 25348,6
The digit 6 is not in data 25348
```

图 6-1-8

实验6-2 函 数

【知识点回顾】

1. 函数返回类型

(1) 不是每个函数都返回一个值。如果不返回任何值,则需指明这类函数的返回类型为 void。

(2) 如果未指明函数返回类型,则默认该函数返回类型为 int。

2. 函数返回值

(1) 如果函数不返回任何值,则函数定义中可以没有 return 语句;也可以使用不带值的 return 语句。

(2) 如果函数返回值,则函数定义中使用 return(返回值);或者 return 返回值;的形式将值带回。

3. 函数参数传递

(1) 函数调用处,由函数实参向函数形参按照自左向右的顺序传递数据。

(2) 实参向形参传值的过程为单向,不可逆。

4. 变量的作用域

(1) 变量的作用域是指程序执行期间变量起作用的范围。

(2) 变量的作用域决定了变量的生命周期——变量在内存中存活的时间,及何时为其分配内存空间,何时释放掉其占用的存储空间。

5. 局部变量与全局变量

(1) 全局变量:声明位置处于任意花括号对之外。

(2) 全局变量的作用域:从声明位置起有效,一直到程序末尾。

(3) 局部变量:声明位置位于某对花括号之内,或者函数形参列表中。

(4) 局部变量的作用域:局部有效,即为它所在的函数。

6. 存储位置

(1) 静态存储区:存放全局变量和静态局部变量。该区变量编译期分配空间,如果程序中未初始化,则编译器自动初始化空间,该区变量生存期直到程序结束。

(2) 系统堆栈区:存放 auto 变量。该区变量声明时分配空间,编译器不为其初始化,该区变量生存期到函数结束时系统自动释放。

(3) 自由存储区(堆区):程序设计人员通过 malloc 等函数申请空间、通过 free 函数释放空间。

【典型例题】

猜数游戏。

```
#include <stdio.h>
#include <time.h>
#include <stdlib.h>
int main()
{
    //变量声明
    int secret_number;                                  //幸运随机数
    char choice = 'y';                                  //用户选择

    //函数声明
    void guess(int);

    //随机种子发生器
    srand((unsigned)time(NULL));

    //启动用户猜数游戏
    printf("Guess the secret number between 1 and 100:\n ");
    while(choice == 'y' || choice == 'Y')
    {
        //调用函数产生100以内随机幸运数
        secret_number = rand() % 100 + 1;
        printf("A new number has been chosen.\n");

        //调用函数猜数,将随机幸运数作为实参
        guess(secret_number);

        //一次猜数游戏结束,询问用户是否再度游戏
        printf("Play again? (Y/N) ");
        scanf(" %c",&choice);
        printf("\n");
    }
    return 0;
}

//一次猜数过程,形参sn为幸运数
void guess(int sn)
{
    int guess_number,i;                                 //i用于计数
    for(i = 0; ;)
    {
        i++;

        //用户输入猜测数据
        printf("Enter guess:");
        scanf(" %d",&guess_number);

        if(guess_number == sn)                          //猜中
        {
```

```
                printf("You won in % d guesses!\n\n",i);
                break;
            }
            else if(guess_number < sn)                         //猜小了
                printf("Too low; try again.\n");
            else                                               //猜大了
                printf("Too high; try again.\n");
        }
    return;
}
```

程序运行结果如图 6-2-1 所示。

```
Guess the secret number between 1 and 100:
 A new number has been chosen.
Enter guess:50
You won in 1 guesses!

Play again? (Y/N) y

A new number has been chosen.
Enter guess:50
Too low; try again.
Enter guess:70
Too low; try again.
Enter guess:85
Too low; try again.
Enter guess:90
Too low; try again.
Enter guess:95
Too low; try again.
Enter guess:99
You won in 6 guesses!

Play again? (Y/N) n
```

图 6-2-1

【Q&A】

1. Q：被调函数执行完毕，能带回多个值吗？

A：每个具有返回值的自定义函数执行完毕后，只能带回一个值给主调函数。如果希望有更多的数据处理信息，可以考虑设置输出参数，这在后续章节（函数以及指针）中介绍。

2. Q：函数的设计规则是什么？

A：设计函数时，主要考虑的是功能单一且独立，易读易用。在模块化编程中，提倡将一个大的问题划分成若干个小问题，每个小问题由一个函数来实现。

3. Q：C 语言中的函数可以分为哪几类？

A：C 语言中的函数分为主函数、库函数（编译平台提供或者第三方提供的具有广泛或特殊用途的函数）、自定义函数。

4. Q：编译 main 函数时，为何会产生“Function should return a value”这样的警告？

A：C 标准规定 main 函数以 int 作为返回类型，将 void 作为其返回类型，可以避免写 return 语句，但根据 C 标准，这种做法却不合法，因此有的编译器认定其非法（警告），有的编译器认定其合法（不予警告）。C 规定 main 函数返回 int 值，是允许根据其返回值来判定程序是否正常终止，若程序由此产生此警告信息，只需在 main 的末尾放置语句 return 0；即可保证编译顺利通过。此外,撰写 return 语句,是一种好的编程习惯。

5. Q:一个变量具有哪些属性?

A:一般地,一个变量具有6个属性:一是值属性,指一个变量具有的值;二是地址属性,指一个变量的存储地址;三是数据类型属性,指一个变量的数据类型;四是存储类型属性,指一个变量的存储区域;五是作用域属性,指一个变量的作用范围;六是寿命属性,指一个变量的生存期。

6. Q:如果全局变量和局部变量同名,程序如何区分呢?

A:一般地,当局部变量和全局变量同名时,在局部变量的作用域内(该局部变量所在的函数或者代码块中),程序将暂时忽略同名的全局变量而只认局部变量,直至局部变量的作用域结束。

7. Q:全局变量的使用能够避免参数传递,为何不将所有的变量都声明为全局变量呢?

A:随着程序越来越大,它包含的变量将越来越多。全局变量在程序运行期间一直保留在内存中,而动态局部变量只在其所在的函数被调用期间驻留内存,因此使用局部变量可以减少内存占用量,更重要的是可以降低不同部分的相互影响,减少函数之间的依赖程度,符合结构化程序设计原则。

8. Q:什么是静态变量?

A:程序中有两种变量,其存储类型均为静态:一是程序中未指明存储类型的全局变量;二是函数体中或函数体外明确使用 static 关键字指定了存储类型的变量。

9. Q:静态变量的作用域是什么?

A:全局静态变量在本程序内的任何地方都能使用,它的作用域是整个程序;在函数体中声明的静态变量的作用域仅限于本函数之内,在本函数体外,该变量虽然不能被使用,但因其存储在静态存储器,它仍占据内存并保持原值,待程序下一次进入该函数,又能对其再次使用。因而静态变量具有全局寿命和局部可见性。

10. Q:静态局部变量何时进行初始化?

A:静态局部变量只在第一次进入函数体内时初始化,若程序中未指定初始化值,则初始化为零,以后每一次进入函数体内时,不再初始化,而是保持上一次使用后的值,所有对该变量的访问都在上一次使用的值的基础上进行。

【实验内容】

1. 按如下要求逐步完成程序设计。

(1) 设计 GetPower 函数,向它提供两个整数 n 和 k,返回 n^k。

(2) 设计主函数,在主函数中调用 GetPower 函数,显示一张 2^k 的表,k 取值 0~10。

2. 设计 GCD(Greatest Common Divisor)函数,要求用户输入两个整数,然后计算这两个整数的最大公约数。

提示:求最大公约数的经典算法是欧几里德算法(Euclid),也叫辗转相除法,方法如下:分别让变量 m 和 n 存储两个数的值,用 m 除以 n,把除数保存在 m 中,把余数保存在 n 中,如果 n 为 0,那么停止操作,m 中的值即最大公约数,否则从 m 除以 n 开始,重复上述除法过程。

3. 编写程序,要求用户输入两个整数,计算它们的最小公倍数(lowest common

multiple)。

提示：最小公倍数即为两数的乘积除以它们的最大公约数。

4. 编写程序，要求用户输入一个分数(fraction)，如6/12，然后将其约分为最简分式(in lowest terms)：1/2。

提示：为了把分数约成最简分式，首先计算分子和分母的最大公约数，然后分子和分母分别都除以最大公约数。

5. 编写程序，要求用户输入两个数，以及一个运算符号，模拟计算器进行两个数的加、减、乘、除四则运算，并返回运算结果。

提示：运算符号保存到字符变量中，根据该变量的值对输入的两个数进行相应的四则运算。

【课后练习】

1. 选择题。

(1) C语言中，以下不正确的说法是________。

A. 实参可以是常量、变量或表达式

B. 形参可以是常量、变量或表达式

C. 实参可以为任意类型

D. 形参应与其对应的实参类型一致

(2) 以下正确的说法是________。

A. 定义函数时，形参的类型说明可以放在函数体内

B. return后面的值不能为表达式

C. 如果函数首部的返回值类型与函数体中return语句中带回的参数类型不一致，以函数首部的返回类型为准

D. 如果形参与实参的类型不一致，以实参类型为准

(3) C语言中，对于简单数据类型的变量作为实参，它和对应形参之间的数据传递方式是________。

A. 地址传递

B. 单向值传递

C. 由实参传给形参，再由形参传回给实参

D. 由用户指定传递方式

(4) 以下说法正确的是________。

A. 函数定义可以嵌套，但函数的调用不可以嵌套

B. 函数定义不可以嵌套，但函数的调用可以嵌套

C. 函数定义和函数的调用均不可以嵌套

D. 函数定义和函数的调用均可以嵌套

(5) 以下程序有语法性错误，有关错误原因的正确说法是________。

```
main()
{
```

```
    int Digit = 5, k;
    void prt_char();
    …
    k = prt_char(Digit);
    …
}
```

A. 语句 void prt_char();有错,它是函数调用语句,不能用 void 说明
B. 变量名不能使用大写字母
C. 函数说明和函数调用语句之间有矛盾
D. 函数名不能使用下划线

(6) C 语言允许函数值类型缺省定义,此时该函数返回值隐含的类型是________。
A. float 型　　B. int 型　　C. long 型　　D. double 型

(7) 以下错误的描述为________。
A. 函数调用可以出现在执行语句中
B. 函数调用可以出现在一个表达式中
C. 函数调用可以作为一个函数的实参
D. 函数调用可以作为一个函数的形参

(8) 以下说法不正确的是________。
A. 在不同函数中可以使用相同名字的变量
B. 形式参数是局部变量
C. 在函数内声明的变量只在本函数范围内有效
D. 在函数内语句块中声明的变量在本函数范围内有效

(9) 关于局部变量,下列说法正确的是________。
A. 同一程序中的函数都可以访问
B. 函数中变量声明处以下的任何语句都可以访问
C. 复合语句(语句块)中变量声明处以下的任何块内语句都可以访问
D. 局部变量可用于函数之间传递数据

(10) 不进行初始化即可自动获得初值 0 的变量包括________。
A. 任何用 static 修饰的变量
B. 任何在函数外定义的变量
C. 局部变量和用 static 修饰的全局变量
D. 全局变量和用 static 修饰的局部变量

(11) 如果在一个函数的复合语句中声明了一个变量,则以下关于该变量说法正确的是________。
A. 只在该复合语句中有效　　B. 在该函数中有效
C. 在本程序范围内均有效　　D. 为非法变量

2. 填空。

(1) 函数中声明有局部变量,若声明中带有 static,则该局部变量采用________存储方式,在________分配空间,若函数中未显式设定初始值,则系统将其自动初始化,函数被调用结束时,该空间________(是/否)释放。

（2）若声明时不带有 static，则该局部变量采用________存储方式，在________分配空间，程序中必须显式设定初始值，当该函数被调用结束时，该变量所占用空间________（是/否）释放。

3. 阅读程序，写出运行结果。

```
#include<stdio.h>
void fun(int x,int y);
int main()
{
    int x=2,y=3;
    fun(x,y);
    printf("in main:x=%d,y=%d\n",x,y);
    return 0;
}

void fun(int x,int y)
{
    int t;
    t=x;
    x=y;
    y=t;
    printf("in fun:x=%d,y=%d\n",x,y);
}
```

4. 阅读程序，写出运行结果。

```
#include<stdio.h>
int main()
{
    int a=31,value;
    int fun(int x,int y,int z);

    value=fun(5, 2, a);
    printf("a=%d, value=%d\n", a, value);
    return 0;
}

int fun(int x,int y,int z)
{
    z=x*x+y*y;
    return z;
}
```

5. 有程序如下，试完成分析填空。

```
#include<stdio.h>
int func(int a,int b)
{
    return a+b;
}

int main()
```

```
{
    int x = 2, y = 5, z = 8, r;

    r = func(func(x,y), z);
    printf(" %d\n", r);

    return 0;
}
```

(1) 本程序中,除了主函数 main 之外,有一个用户自定义函数,该函数名为________,在第________行到第________行定义,在第________行被调用。注意本程序隐式地声明了该函数,系统只在用户函数出现在主调函数之________时,才能隐式声明函数。

(2) 本程序中,函数两次被调用。第一次函数调用为 L15 中的 func(x,y),在程序的执行流程中,由 L15 跳转到 L7 之前,系统要做的三件事为:

分别检查________、________和________、________的类型是否匹配,由于这 4 个常量或变量均为 int 型,因此匹配成功。

为________开辟空间。

实参向形参传值,因此________=________,________=________。

(3) L8 执行加法操作带值________返回第________行,该值作为函数参数再次进行函数调用,相当于 func(________, z),在程序的执行流程中,由 L15 跳转到 L7 之前,系统要做的三件事为:

分别检查________、________和________、________的类型是否匹配,由于这 4 个常量或变量均为 int 型,因此匹配成功。

为________开辟空间。

实参向形参传值,因此________=________,________=________。

(4) 运行结果是________。

注意:*本程序及说明函数调用也可以作为函数的参数出现,也说明函数调用可以嵌套。*

6. 编写程序,根据主函数内容,补充完成各函数定义,计算阶乘、组合数与排列数,并进行测试。其中,计算公式为:排列数 $A_m^n=\frac{m!}{(m-n)!}$,组合数 $C_m^n=\frac{m!}{n!(m-n)!}$。程序运行效果如图 6-2-2 所示。

```
please input two number,like x y: 5 2
comb(5, 2) = 10.
perm(5, 2) = 20.
```

图 6-2-2

```
#include <stdio.h>
int factorial (int base);                    //阶乘计算函数声明
int combination(int n, int k);               //组合数计算函数声明
int permutation(int n, int k);               //排列数计算函数声明

int main()
{
    int n, k, comb, perm;
```

```
    printf("please input two number,like x y: ");
    scanf(" %d %d", &n, &k);

    comb = combination(n, k);
    perm = permutation(n, k);

    printf("comb( %d, %d) =  %d.\n", n, k, comb);
    printf("perm( %d, %d) =  %d.\n", n, k, perm);
    return 0;
}
```

7. 为自动取款机编写一个程序。用户输入需要的取款金额(10 元的倍数),机器计算以分配最少的纸币数目并将结果打印输出。分发的纸币有 50 元、20 元和 10 元几种(假定自动取款机内总有足够的纸币)。编写一个函数决定每种纸币分配的张数。

8. 编写一个兑换零钱的函数。用户输入总支付金额和账单,程序确定应找零为几元、几角、几分并打印输出。

9. 编写一个函数,计算某日是该年的第几天。程序运行效果应如图 6-2-3 所示。

提示:不考虑是否闰年的情况,2 月份一律按 28 天计算,在主函数中输入月、日,在主函数中输出该日是一年中的第几天。

```
please input  month and day: 4,2
This is 92th day of a year.
```

图 6-2-3

实验 6-3　函　　数

【知识点回顾】

1. 传值与传地址

(1) 调用函数时,用实参给形参初始化,是把实参的值按自左向右的顺序单向拷贝到形参中。若实参给形参传递的是数据的值,称为传值调用;若传递的是地址值,则称为传地址调用。

(2) 若形参为简单数据类型或者结构体类型,则使用的是传值调用方式,若形参为数组,则使用的是传地址调用方式。

2. 函数的递归调用

函数直接或者间接地调用自己,称为函数的递归调用。递归程序一定呈现出以下两种状态,适用分支结构。

(1) 一定有停止状态。

(2) 一定有问题规模缩小趋势。

【典型例题】

1. 例题 1,利用函数初始化一个数组并利用函数输出该数组。

```
#include< stdio.h>
#define N 10
void initArray(int array[N],int size);
void outputArray(int array[N], int size);

int main()
{
    int array[N];
    int size = N;
    //调用函数 initArray 初始化数组
    initArray(array, size);
    //调用函数 outputArray 输出数组
    outputArray(array,size);
    return 0;
}

void initArray(int array[N],int size)
```

```
{
    int i ;
    for(i = 0; i < size; i++)
    {
        printf("array[ %d] = ",i);
        scanf(" %d",&array[i]);
    }
}

void outputArray(int array[N], int size)
{
    int i;
    for(i = 0; i < size; i++)
    {
        printf(" %5d",array[i]);
    }
    putchar('\n');
}
```

程序运行结果如图 6-3-1 所示。

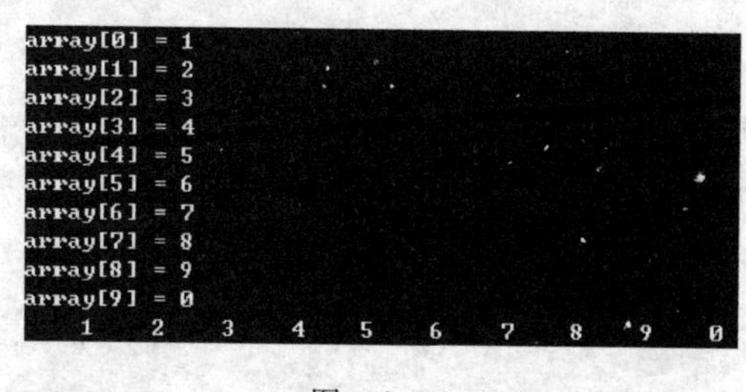

图 6-3-1

2. 例题 2,(ACM 题目)求两大数和。第一次输入要测试的次数,然后开始测试,假设所有大数不超过 1000 位,循环不超过 20 次(含 20 次)。

```
#include < stdio.h>
#include < string.h>
#define N 1000

void adjust(char s[ ],int size);
void add(char a[ ],char b[ ],char c[ ],int size);
int main()
{
    int num;                                    //循环控制
    int i,la,lb,size;
    char a[N],b[N],result[N];
    scanf(" %d",&num);
    for(i = 0;i < num;i++)
    {
        //数据输入
        scanf(" %s %s",a,b);

        printf("Case %d:\n",i + 1);
```

```
            printf(" %s + %s = ",a,b);

            //数据对齐
            la = strlen(a);
            lb = strlen(b);
            //size为了最高位可能产生进位而增加了一位
            size = (la > lb?la:lb) + 1;
            adjust(a,size);
            adjust(b,size);

            //计算
            add(a,b,result,size);
            //输出结果c
            if(result[0] == '0' )                    //若最高位未产生进位,则第0位是'0'
                puts(result + 1);
            else                                     //若最高位之和产生进位,则第0位非'0'
                puts(result);
            if(i < num - 1)
                putchar('\n');
        }
        return 0;
    }
    //加法运算需要右对齐
    void adjust(char s[],int size)
    {
        int i,ls;
        ls = strlen(s);
        //数据后移
        for(i = ls; i >= 0;i -- )
            s[size -- ] = s[i];
        //左补字符数字'0'
        for(;size >= 0;size -- )
            s[size] = '0';
    }
    //按位计算a和b中的数据,结果存入c中,结果的最大长度为size
    void add(char a[],char b[],char c[],int size)
    {
        int i, dvalue,flag = 0;                      //flag用作进位标志
        c[size] = '\0';
        for(i = size - 1; i >= 0;i -- )
        {
            //按位将数据转换为整数做加法
            dvalue = a[i] - '0' + b[i] - '0' + flag;
            //若产生进位
            if(dvalue >= 10)
            {
                flag = 1;
                //去掉进位后剩余的整型数字值转换为字符数据保存
                c[i] = dvalue - 10 + '0';
            }
            else //无进位产生
```

```
        {
            c[i] = dvalue + '0';                        //计算结果转换为字符数据保存
            flag = 0;                                   //清除进位标志
        }
    }
}
```

程序运行效果如图 6-3-2 所示。

```
3
1 2
Case 1:
1 + 2 = 3

11111111111111111111 9
Case 2:
11111111111111111111 + 9 = 11111111111111111120

123456789012345678901234567890 98765432110
Case 3:
123456789012345678901234567890 + 98765432110 = 123456789012345679000000000000
```

图　6-3-2

3. 例题 3，例题 2 的改版，要求所有数据输入后才输出计算结果。

```
#include <stdio.h>
#include <string.h>
#define T 20
#define N 1000
//自定义函数部分无须改动
void adjust(char s[],int size);
void add(char a[],char b[],char c[],int size);
int main()
{
    int num;                                            //循环控制
    int i,la,lb,size;
    char a[T][N],b[T][N],result[T][N];                  //改用二维数组保存输入结果
    scanf("%d",&num);
    //数据输入
    for(i = 0;i < num;i++)
    {
        scanf("%s%s",a[i],b[i]);
        getchar();
    }
    putchar('\n');
    for(i = 0;i < num;i++)
    {
        printf("Case %d:\n",i + 1);
        printf("%s + %s = ",a[i],b[i]);

        //数据对齐
        la = strlen(a[i]);
        lb = strlen(b[i]);
        size = (la > lb?la:lb) + 1;
        adjust(a[i],size);
```

```
        adjust(b[i],size);
        //计算
        add(a[i],b[i],result[i],size);
        //输出结果 c
        if(result[i][0] == '0' )
            puts(result[i] + 1);
        else
            puts(result[i]);
        if(i < num - 1)
            putchar('\n');
    }
    return 0;
}
//加法运算需要右对齐
void adjust(char s[],int size)
{
    int i,ls;
    ls = strlen(s);
    //数据后移
    for(i = ls; i >= 0;i -- )
        s[size -- ] = s[i];
    //左补字符数字'0'
    for(;size >= 0;size -- )
        s[size] = '0';
}
//按位计算 a 和 b 中的数据,结果存入 c 中,结果的最大长度为 size
void add(char a[],char b[],char c[],int size)
{
    int i, dvalue,flag = 0;                          //flag 用作进位标志
    c[size] = '\0';
    for(i = size - 1; i >= 0;i -- )
    {
        //按位将数据转换为整数做加法
        dvalue = a[i] - '0' + b[i] - '0' + flag;
        //若产生进位
        if(dvalue >= 10)
        {
            flag = 1;
        //去掉进位后剩余的整型数字值转换为字符数据保存
            c[i] = dvalue - 10 + '0';
        }
        else                                         //无进位产生
        {
            c[i] = dvalue + '0';                     //计算结果转换为字符数据保存
            flag = 0;                                //清除进位标志
        }
    }
}
```

程序运行效果如图 6-3-3 所示。

```
3
1 2
5 6
1111111111111111111111 1234567890

Case 1:
1 + 2 = 3

Case 2:
5 + 6 = 11

Case 3:
1111111111111111111111 + 1234567890 = 1111111111112345679001
```

图 6-3-3

4. 例题4,n!的求解。

(1) 版本一:循环求解。

```
#include< stdio.h>
int factorial(int n);

int main()
{
    int x,result;

    //数据输入
    printf("Please input a integer here(0~9): ");
    scanf(" %d",&x);

    //计算
    result = factorial(x);

    //输出
    printf("The factorail number of %d is %d\n",x,result);
    return 0;
}

int factorial(int n)
{
    int value = 1,i;

    for(i=1;i<=n;i++)
      value *= i;

    return value;
}
```

```
Please input a integer here(0~9): 5
The factorail number of 5 is 120
```

图 6-3-4

程序运行效果如图6-3-4所示。

(2) 版本二:递归求解。主函数同版本一。

分析:

终止条件:n为0时结束

递推关系:n!=n*(n-1)!

```
int factorial(int n)
{
    int value;
    if(n == 0)                                  //边界条件处理
      value = 1;
    else
      value = n * factorial(n - 1);             //递推公式
    return value;
}
```

程序运行效果同版本一。

(3) 版本三：静态局部变量求解。

```
#include <stdio.h>
int factorial(int n);

int main()
{
    int x,result,i;

    //数据输入
    printf("Please input a integer here(0～9): ");
    scanf("%d",&x);

    //计算并输出
    for(i = 1; i <= x; i++)
    {
        result = factorial(i);
        printf("%d! = %d\n",i,result);
    }
    return 0;
}

int factorial(int n)
{
    static int value = 1;
    value *= n;
    return value;
}
```

```
Please input a integer here(0~9): 5
1! = 1
2! = 2
3! = 6
4! = 24
5! = 120
```

图 6-3-5

程序运行效果如图 6-3-5 所示。

【Q&A】

1. Q：如果形参为一维数组，是否需要在方括号内声明数组长度？

A：可以不用，编译器会忽略形参数组的长度值。形参采用数组名，是用以说明数据采用地址传递的一种方法，事实上，函数调用时，并不会根据此声明为形参分配数组空间，因此方括号内的数组长度无用，仅依次分配 4 字节地址空间，用于接收实参传来的数组起始地址信息。

2. Q：传地址调用方式中，形参只能声明为数组形式吗？

A：C语言中，传地址调用方式有若干种，本单元接触到的是第一种，形参使用数组的方式声明。以后的指针章节中会继续介绍地址传递的其他方式。

3. Q：传递数组时是将整个数组的内容都传递给函数吗？

A：不是。将数组作为参数传递给函数时，只是将数组的起始地址传递给函数，而不是传递整个数组的内容。

4. Q：传地址调用方式中，编译器忽略形参数组长度，那么函数如何知道元素个数？

A：由于传数组给函数形参时，只传递数组的起始地址，因此一般情况下默认程序员明确数组长度。但考虑到程序设计的模块化需要，可以考虑另设参数传递数组元素的个数，如典型例题1。

5. Q：程序开始执行但还没有调用自定义函数时，是否已为该自定义函数所有局部变量分配了固定的存储单元？

A：除了自定义函数的静态局部变量之外，该函数的所有局部变量（包括形参）都只能在调用该函数时由系统临时分配存储空间，并在函数执行结束后，返回主调函数时，释放这些存储空间。

6. Q：什么样的问题可以使用递归来解决？

A：同时满足两个条件：一是把要解决的问题转化为一个新问题，而该新问题的解决办法与原来相同，只是问题的规模有规律地缩小；二是要有一个明确的停止转化的条件。

7. Q：如果函数 f1 调用函数 f2，而函数 f2 稍后又调用函数 f1，是否合法？

A：只要能够确保 f1 和 f2 都可以最终停止，那就是合法的调用。这是一种间接的递归形式。

8. Q：递归与循环都能实现的问题该如何抉择？

A：使用循环还是递归来解决一个问题需要考虑多种因素。

第一，对于用递归定义的问题，用递归函数解决会显得比较自然和简捷，用循环解决这样的问题，会很复杂，不易设计和理解。

第二，虽然循环和递归都可以实现重复操作，循环是在同一组变量上不断改变这组变量值的方式进行重复操作，因此又被称为迭代；而递归调用则是在不同的变量组（实参、形参以及函数调用返回地址的内存空间等，每一次递归调用都需要为它们分配不同的空间）上进行重复操作，实际递归调用层次要受到栈空间的限制。有些递归函数在运行时常由于递归层次过深造成栈溢出，导致程序异常终止，从而不得不选择循环来实现。

第三，解决一个问题，除了要考虑算法自然易读外，还要考虑算法的效率问题。由于函数递归调用的开销（保护调用现场时存储各寄存器的值和返回地址等、形参及局部变量空间分配、参数传递及结果返回等）将导致程序效率的下降。而递归，通常包含问题的分解和综合两方面，大问题分解成为小问题逐步解决后，还要考虑对小问题结果的综合，无论是分解还是综合的过程，如果代价过大，就不一定适用。

第四，循环实现的重复操作是一种归纳的过程，即从特殊情况到一般情况进行考虑；而递归则是一种演绎的过程，是从一般情况到特殊情况进行设计的过程。

【实验内容】

1. 设计程序实现 bubble 排序功能,程序运行如图 6-3-6 所示,程序设计要求如下。

(1) 函数 void bubbleSort(int array[],int size);的作用是采用冒泡排序算法对传入的拥有 size 个元素的数组 array 按照升序排序。

(2) 函数 void inputArray(int array[],int size);的作用是提示并接收用户输入 size 个数据,依次保存入数组 array。

(3) 函数 void outputArray(int array[],int size);的作用是将数组 array 中的 size 个数据依次输出。

```
Please input 10 integers here:
a[0] = 1
a[1] = 3
a[2] = 5
a[3] = 7
a[4] = 9
a[5] = 8
a[6] = 6
a[7] = 4
a[8] = 2
a[9] = 0
input over!

Array is :    1   3   5   7   9   8   6   4   2   0

Bubble Sorting ............Over!

Array is :    0   1   2   3   4   5   6   7   8   9
```

图 6-3-6

2. 编写程序,以函数的形式完成对数组的操作。

(1) 设计函数 int Insert(int array[],int size, int data);,该函数的功能是把参数 data 插入到拥有 size 个数据的升序排列的数组 array 中,并保持升序,将被挤出的最大数(有可能就是被插入数)返回给主函数。

分析:判断被挤出的数相对容易,如果输入的数比最大的数大,则输入的数被挤出;如果比最大的数小,则最大的数被挤出。要将输入的数据插入到排序好的数组中,关键是要找到插入点,然后从插入点开始逐个将数向后推移一个位置。

(2) 设计函数 int Delete(int array[],int size, int data);,该函数的功能是在数组 array 中查找数值 data,把找到的数据删除(假设数组中没有重复数据),并在删除后保持数组形态,即将被删除数据后面的所有数据依次前移,返回 1 值,如果该数未被找到,则输出该数未找到的信息,并返回 0 值。

(3) 在主函数中创建并初始化一个拥有 10 个元素的按升序排列的数组。输出该数组。

(4) 输入一个整数,调用 Insert 函数将该整数插入数组,输出被 Insert 操作挤出的数,并输出新的数组。

(5) 输入待删除的整数,调用 Delete 函数,该函数操作成功,则程序运行效果如图 6-3-7 所示,注意根据该函数返回结果调整数组元素个数。

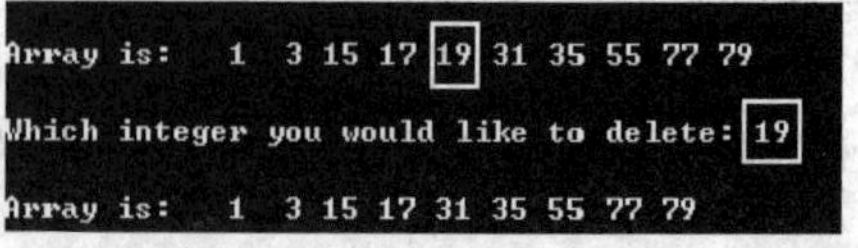

图 6-3-7

3. 在实验 5-3 实验内容 2 的基础上,继续改进程序设计，要求如下。

(1) 如运行效果图 6-3-8 所示，增加一列个人平均成绩，然后列表方式输出。

(2) 增设两个函数，平均分计算函数 average 和打印输出函数 output。

提示： 函数设计时需要考虑数组数据的传递，即参数的地址传递。

姓名	语文	数学	英语	总评
李寻欢	87.00	8.50	4.00	33.17
喂小饱	56.00	64.00	62.00	60.67
成家了	72.00	44.00	87.00	67.67
王语鄢	73.00	60.00	64.00	65.67
张无际	66.00	98.00	78.00	80.67

图 6-3-8

4. 假设 T(n)＝1＋2＋3＋…＋n，试采用递归法设计函数，实现该功能，并通过以下主函数内容对其进行测试，效果如图 6-3-9 所示。

```
int main()
{
    int n;
    printf("Please input a integer here: ");
    scanf(" %d",&n);
    printf("T( %d)  =  %d\n",n, T(n));
    return 0;
}
```

```
Please input a integer here: 5
T(5) = 15
```

图 6-3-9

```
Please input a integer here: 12345
54321
```

图 6-3-10

5. 用递归实现将输入的整数按逆序输出，如输入 12345，输出 54321。主函数设计如下，程序运行效果如图 6-3-10 所示。

```
#include< stdio.h>
int main()
{
    int n;
    printf("Please input a integer here: ");
    scanf(" %d",&n);
    r(n);
    printf("\n");
    return 0;
}
```

【课后练习】

1. 选择题。

(1) 若使用一维数组名作为函数实参，则以下正确的说法是________。

A. 必须在主调函数中说明此数组的大小

B. 实参数组类型与形参数组类型可以不匹配

C. 在被调函数中,不需要考虑形参数组的大小

D. 实参数组名与形参数组名必须一致

(2) 若用数组名作为函数调用的实参,传递给形参的是________。

A. 数组的首地址　　　　B. 数组第一个元素的值

C. 数组中全部元素的值　　　　D. 数组元素的个数

2. 填空题。

(1) 用数组名作为函数的实参时,不是把数组元素的________传递给形参,而是把实参数组的________传递给形参数组,是________传递,这样,对形参数组的操作实际上即为对实参数组的操作(实参和形参的数组可以不同名,但是是同一段内存单元)。

(2) 有数组声明如 int a[3][4];,以及对 f 函数的调用语句如 f(a);,则 f 函数的首部应为:________。

3. 阅读程序,写出运行结果。

```
#include < stdio.h >
int f(int b[],int n)
{
    int i,r;
    r = 1;

    for(i = 0; i <= n; i++)
        r = r * b[i];

    return r;
}

int main()
{
    int x,a[] = {2,3,4,5,6,7,8,9};

    x = f(a,3);
    printf(" %d\n",x);

    return 0;
}
```

4. 以下程序的运行结果是________,此程序运行过程中,fun 函数共计被调用________次。

```
#include < stdio.h >
int fun(int x)
{
    int p;

    if(x == 0 || x == 1)
        return 3;
    p = x - fun(x - 2);

    return p;
```

```
}

int main()
{
    printf(" % d\n", fun(9));
    return 0;
}
```

5. 下列程序的运行结果是________，此程序运行过程中，func 函数共计被调用________次。

```
#include< stdio.h>
int func(int n);
int main()
{
    int x;
    x = func(4);
    printf(" % d\n", x);
    return 0;
}

int func(int n)
{
    int s;
    if(n == 1 || n == 2)
        s = 2;
    else
        s = n + func(n - 1);
    return s;
}
```

6. 阅读程序，写出运行结果。

```
#include< stdio.h>
int func(int a[][3]);
int main()
{
    int a[3][3] = {0};
    int sum;

    sum = func(a);
    printf("sum = % d\n",sum);
    return 0;
}
int func(int a[][3])
{
    int i, j, sum = 0;
    for(i = 0; i < 3; i++)
        for(j = 0; j < 3; j++)
        {
            a[i][j] = i + j;
```

```
            if(i == j)
                sum = sum + a[i][j];
        }
    return sum;
}
```

7. 如果数组 s 的所有元素值都为零,则下列函数返回 1,否则返回 0。下列函数有错,请找出错误并修改。

```
int zero(int s[], int n)
{
    int i;
    for(i = 0; i < n; i++)
        if(s[i] == 0)
            return 1;
        else
            return 0;
}
```

8. 寻找极值问题。

(1) 编写程序,函数 int findmax(int s[], int t);返回数组 s 中最大元素的下标,数组中元素的个数由 t 传入,请完成函数设计。

(2) 编写程序,主函数调用了 void LineMax(int x[N][M]);函数,实现在 N 行 M 列的二维数组中,找出每一行上的最大值。请完成程序设计。

9. 编写程序,函数 insert 的功能是将数据 data 插入到当前长度为 size、且已按照升序排好的数组 a 中; output 函数的功能是将数组 a 中元素依次输出。请按照已提供的代码补充完成程序设计,程序运行结果如图 6-3-11 所示。

提示:本题中的 insert 与实验 2 中的 Insert 函数功能不尽相同,本题中数组未满,size 反映当前数组元素个数,另外,本题中 insert 无须挤出任何数据。

```
Array is :    12   23   34   45   56   67

Enter the insert data:6
Inserting ..........Over!

Array is :     6   12   23   34   45   56   67
```

图 6-3-11

```
#include < stdio.h>
#define N 10
void insert(________________________);
void output(int a[], int size);
int main()
{
    int a[N] = {12,23,34,45,56,67},n = 6,x,i,j;
    output(a,n);                              //输出数组内容
    printf("Enter the insert data:");         //提示并接收用户要插入的数据
    scanf("%d",&x);
    insert(a,x,n);                            //插入
```

```
    n++;
    output(a,n);                              //输出数组内容
    return 0;
}
```

10. 保持题 9 中函数 insert 以及函数 output(功能是将数组 a 中元素依次输出)。改进 main 程序,使得程序为 main 中的数组 a[]从无到有地插入 10 个数据,每次插入后总保证数组中的数据按升序排列(该排序方式称为插入排序)。程序演示如图 6-3-12 所示。

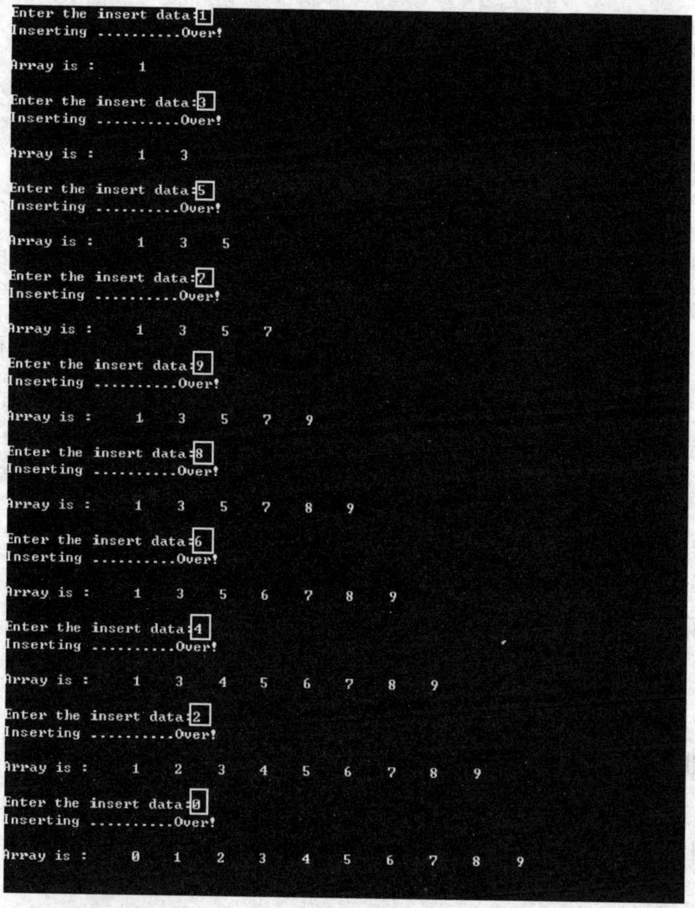

```
Enter the insert data:1
Inserting ..........Over!

Array is :    1

Enter the insert data:3
Inserting ..........Over!

Array is :    1    3

Enter the insert data:5
Inserting ..........Over!

Array is :    1    3    5

Enter the insert data:7
Inserting ..........Over!

Array is :    1    3    5    7

Enter the insert data:9
Inserting ..........Over!

Array is :    1    3    5    7    9

Enter the insert data:8
Inserting ..........Over!

Array is :    1    3    5    7    8    9

Enter the insert data:6
Inserting ..........Over!

Array is :    1    3    5    6    7    8    9

Enter the insert data:4
Inserting ..........Over!

Array is :    1    3    4    5    6    7    8    9

Enter the insert data:2
Inserting ..........Over!

Array is :    1    2    3    4    5    6    7    8    9

Enter the insert data:0
Inserting ..........Over!

Array is :    0    1    2    3    4    5    6    7    8    9
```

图 6-3-12

11. * 设计程序,使用函数完成某合数进行因数分解的过程,分解到素数为止。若输入的值是－124,程序将输出如图 6-3-13 所示效果。

```
-124=-2*2*31
```

图 6-3-13

实验7-1 指针基本概念

【知识点回顾】

1. 指针和指针变量

(1) 内存地址：内存存储单元的编号从0开始，以字节为单位。

(2) 指针：一个内存地址有且仅有一个内存存储单元对应，即一个地址“指向”一个单元，故将地址称为指针。

(3) 指针变量：C语言中允许将地址作为数据值，用一个变量来存放。存放指针的变量称为指针变量。

2. 指针变量使用三步骤

(1) 声明。一般形式如：类型说明符 *指针变量名;。

(2) 初始化。一般形式如：指针变量=&变量;。

(3) 访问数据。一般形式如：*指针变量;。

3. 指针运算符

(1) 间接访问运算符“*”。

(2) 取地址运算符“&”。

4. printf和scanf是否使用指针对比

假定有 int x,y;int *px=&x,*py=&y;。

(1) 不使用指针的输入输出语句：

```
scanf("%d %d",&x,&y);
printf("%d %d",x,y);
```

(2) 使用指针的输入输出语句：

```
scanf("%d %d",px,py);
printf("%d %d",*px,*py);
```

5. 打印地址信息

(1) 使用%p占位符。

(2) 使用%x占位符。

【典型例题】

1. 例题 1,指针的基本使用方法。

```
#include <stdio.h>

int main()
{
    int data = 100;
    //第一种指针变量定义方式：声明与初始化分两步完成
    int * pd;                               //声明指针变量
    pd = &data;                    //初始化指针变量,注意细节,data 变量必须之前声明过
    //下面是第二种指针变量定义方式：声明与初始化一步完成
    //int * pd = &data;                     //声明指针变量,同时初始化指针变量

    printf("Direct access: data = %d\n", data); //变量的直接访问
    printf("Indirect access: data = %d\n", * pd);//变量的间接访问

    printf("The address of data is %p\n", &data); //变量的地址输出
    printf("The address of data is %p\n",pd);     //指针变量的输出

    return 0;
}
```

```
Direct access: data = 100
Indirect access: data = 100
The address of data is 0012FF7C
The address of data is 0012FF7C
```

图 7-1-1

程序运行效果如图 7-1-1 所示。

2. 例题 2,两数求和,请注意两个函数的区别。

```
#include <stdio.h>
int func1(int a, int b);
void func2(int a, int b, int * pr);
int main()
{
    int x, y;
    int result = 0;

    printf("please enter two integers, like x y:");
    scanf("%d %d",&x,&y);

    //函数调用
    result = func1(x, y);
    printf("func1: %d+%d = %d\n",x, y, result);

    result = 0;
    //函数调用,前两个实参传递值,实参三传递了地址
    func2(x,y,&result);
    printf("func2: %d+%d = %d\n",x, y, result);
}
//函数定义,注意,形参均约定为值传递
int func1 (int a, int b)
```

```
{
    int r;
    r = a + b;
    return r;
}
//函数定义,注意,前两个形参约定为值传递,形参三约定为地址传递,也称为输出参数
void func2 (int a, int b,int * pr)
{
    // * pr 使用了间接访问的形式,将计算结果放入该地址指向的存储空间(实参)
    * pr = a + b;
}
```

程序运行效果如图 7-1-2 所示。

```
please enter two integers, like x y:3 5
func1: 3+5 = 8
func2: 3+5 = 8
```

图 7-1-2

【Q&A】

1. Q：指针变量为什么要进行初始化？

A：一般地，变量的使用都需要经过声明、初始化后才能够使用，指针变量也不例外。如果变量空间未经初始化，那么存放的内容是个随机值，而指针变量的含义，即为它存放的地址是随机值。如果此地址恰好是系统正在使用的内存地址，那么该操作就将改写系统正在使用的某个数据，可能导致系统被破坏，由此可见，未经初始化就使用的指针十分危险，为了避免发生意外，最好给不能确定初值的指针变量赋以空值 NULL，通常也把未经初始化就使用的指针称为野指针。

2. Q：宏 NULL 表示什么？

A：NULL 实际是表示 0。当指针为 0 时，会要求编译器把它看成是空指针而不是整数 0。提供宏 NULL 只是为了避免混乱。赋值表达式 p＝NULL；用于明确地说明 p 是空指针。

3. Q：既然 0 用于表示空指针，那么空指针就是字节中各位都为 0 的地址，对吗？

A：不一定。每个 C 语言编译器都被允许用不同的方式来表示空指针，而且不是所有编译器都使用零地址。一些编译器为空指针使用不存在的内存地址。硬件会检查出这种试图通过空指针访问内存的方式。我们不必关心如何在计算机内存储空指针。这是编译器专家关注的细节。重要的是，当在指针环境中使用 0 时，编译器会把它转换为适当的内部形式。

4. Q：NULL 值为 0，'\0'值也为 0，可以用 NULL 表示空字符吗？

A：绝不可以。NULL 用于表示空指针。一些编译器会据此把 NULL 定义为(void *)0。这样，把指针类型的 NULL 用作空字符就违反了标准 C 的规则。因此，任何情况下，都需要注意避免引起混乱。

5. Q：给指针变量赋值时，要注意什么问题？

A：给指针变量赋值时，要注意三方面的问题：第一，如将指针赋值为 NULL，则称该指针为空指针或者零指针。它不指向任何变量，也不指向存储地址为零的存储单元，而是一种特殊的状态。在实际编程中，常用符号常量 NULL 来代表。第二，由于指针也是变量，允许指针的值是变化的，即改指向其他变量。第三，指针赋值时要注意存储类型的一致，以免发

生类型不能匹配的情况。

6. Q：指针变量的地址就是指针存放的地址吗？

A：不是。如 int x=5; int * p=&x;中，指针变量 p 是一个变量，系统要为它分配存储空间(通常为 4 个字节)，该存储空间的起始地址即为指针变量的地址，即 &p。而指针变量存放的地址，即 p 中存放的变量 x 的地址信息 &x，如图 7-1-3 所示。

7. Q：指向不同数据类型的指针占用的内存空间大小都相同吗？

A：是的。无论指针指向哪种数据类型，所有指针所占内存空间大小都相同，只随机器硬件不同而不同。在 32 位机器上，所有指针变量都占用 4 个字节的空间。

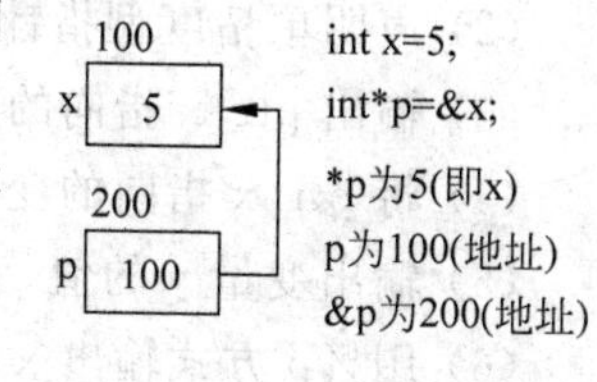

图 7-1-3

8. Q：声明指针变量时"*"是运算符吗？

A：声明指针变量时，指针变量名前的"*"只表明当前被声明的变量不是普通变量，而是一个指针变量，不具有运算的含义。在运算表达式中，指针变量名前的"*"才是一个运算符。

9. Q：编译器如何判别"*"是乘号、间接访问运算符，还是用来声明指针？

A：编译器根据上下文来判别"*"的用途。如果它所在的语句以数据类型开头，则它用于声明一个指针变量；如果被用于一个已经声明过的指针变量名之前，则被判定为间接访问运算符；如果用于运算表达式中，且右边不是指针变量名，则被认为是一个乘法运算符。

10. Q：指针的值能否显示？

A：可以显示，调用 printf 函数，在格式串中采用%p，不妨假设 ptr 已有明确的定义，printf("%p\n",(void *)ptr);即可输出指针 ptr 的值。

11. Q：地址信息使用%p 和%x 均可以打印输出，两者有何区别？

A：在内存单元的地址输入功能上，两者功能相同。%p 按照 8 位域宽十六进制方式输出，保留了前导 0 的输出，而%x 舍弃了前导 0，也按照十六进制输出。总体上%p 专用于地址输出，而%x 也用于其他数据的输出，就地址输出功能而言，%p 与%08x 相同。代码如下，程序输出如图 7-1-4 所示。

```
#include <stdio.h>
int main()
{
    int a = 75;
    int * p = &a;
    printf("%p\n", &a);
    printf("%x\n\n", &a);
    printf("%p\n", p);
    printf("%x\n\n", p);
    printf("%p\n", &p);
    printf("%x\n", &p);
    return 0;
}
```

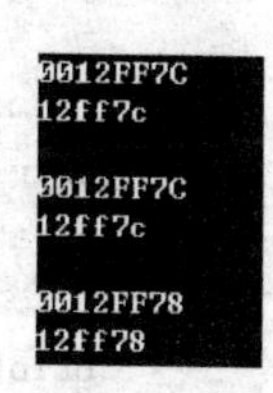

图 7-1-4

【实验内容】

1. 设计程序,满足以下要求功能。

(1) 声明两个单精度型变量 x 和 y; x 初始化为 2.618。

(2) 声明单精度型指针变量 ptr_x,并指向 x。

(3) 输出 ptr_x 指向的变量的值。

(4) 将 ptr_x 指向的变量的值加 2 后赋给变量 y。

(5) 输出变量 y 的值。

(6) 用%p 方式输出 x 和 y 的地址。

(7) 用%p 方式输出 ptr_x,看看输出的值是否是 x 的地址。

2. 下列函数假设用来计算数组 a 中的元素和以及平均值,且数组 a 长度为 n。avg 和 sum 指向函数需要修改的变量。函数含有几个错误,请找出这些错误并且改正。

```
void avg_sum(float a[], int n, float * sum)
{
    int i;
    sum = 0.0;
    for(i = 0; i < n; i++)
      sum += a[i];

    return 0;
}
```

3. 编写函数 void swap(int * p , int * q);,当传递两个变量的地址时,swap 函数应该交换两者的值。**提示**:调用函数时可以使用 swap(&x,&y);的形式。

4. 补充设计函数 calculate,实现两数的四则运算,完成以下程序。

```
#include < stdio.h>
void calculate(int a, int b, char c, float * pr);
int main()
{
    int x, y;
    char oper;
    float result;

    printf("please enter a expression here, like x + y:");
    scanf("%d%c%d",&x,&oper,&y);
    //函数调用,前三个实参传递值,实参四传递了地址
    calculate(x,y,oper,&result);
    printf("%d %c %d =  %.2f\n",x,oper,y, result);
}
```

5. 编写函数 void findLargest(int a[], int n, int * largest);,当传递长度为 n 的数组 a 时,函数将找到数组的最大值元素,并用 largest 指针变量指向它。**提示**:调用该函数进行测试时,可使用 findLargest(a,10,&max);类似的形式。

【课后练习】

1. 选择题。

(1) 变量的指针,其含义是指该变量的________。

A. 值　　B. 地址　　C. 名　　D. 一个标志

(2) 若需要建立如图 7-1-5 所示的存储结构,且已有声明 float *p, m=3.14;,则正确的赋值语句是________。

A. p=m;　　B. p=&m;

C. *p=m;　　D. *p=&m;

图 7-1-5

(3) 有如下语句 int a=10, b=20, *p1, *p2;p1= &a; p2= &b;,如图 7-1-6(a)所示;若要实现如图 7-1-6(b)所示的存储结构,可选用的赋值语句是________。

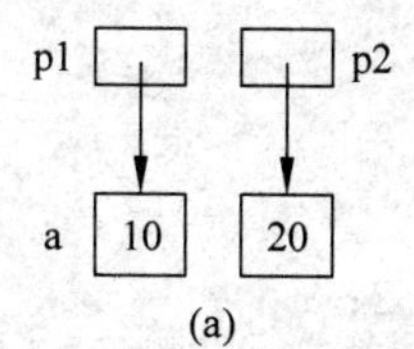

(a)

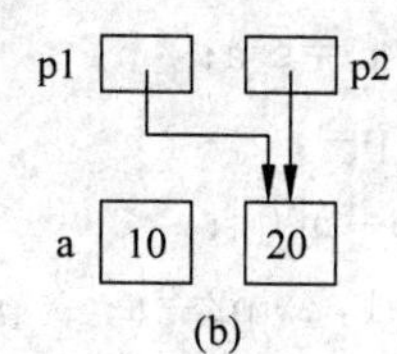

(b)

图 7-1-6

A. *p1= *p2　　B. p1=p2;　　C. p1= *p2;　　D. *p1=p2;

(4) 若有以下声明和语句,则能表示 a 数组元素地址的表达式是________。

```
double a[5], *p1;
p1 = a;
```

A. a+0　　B. p1+5　　C. *p1　　D. &a[5]

(5) 若有以下声明 int a[5], *p=a; 且 0<=i<5, 则对 a 数组元素的非法引用是________。

A. a[i]　　B. *(a+i)　　C. *(p+i)　　D. *(&a+i)

(6) 若有以下定义,则数值不为 3 的表达式是________。

```
int x[10] = {0,1,2,3,4,5,6,7,8,9}, *p1;
```

A. x[3]　　B. p1=x+3, *p1++;

C. p1=x+2, *(p1++);　　D. p1= x+2, *++p1;

(7) 若有声明: int * p, m=5, n;,以下正确的程序段是________。

A. p=&n; scanf("%d", &p);　　B. p=&n; scanf("%d", *p);

C. scanf("%d", &n); *p=n;　　D. p=&n; *p=m;

(8) 若有声明: int * p1, *p2, m=5, n;,以下均是正确赋值语句的选项是________。

A. p1=&m; p2=&p1;　　B. p1=&m; p2=&n; *p1=*p2;

C. p1=&m; p2=p1;　　D. p1=&m; *p2=*p1;

(9) 如下代码调用 scanf 语句有错，其错误原因是________。

```
main()
{
    int *p, *q, a,b;
    p = &a;
    printf("input a: ");
    scanf("%d", *p);
    …
}
```

A. *p 表示的是指针变量 p 的地址

B. *p 表示的是变量 a 的值，而不是变量 a 的地址

C. *p 表示的是指针变量 p 的值

D. *p 只能用来声明 p 是一个指针变量

(10) 以下选项中，对指针变量 p 的正确操作是________。

A. int a[5], *p; p=&a;

B. int a[5], *p; p=a;

C. int a[5]; int *p=a[0];

D. int a[5]; int *p1, *p2=a; *p1=*p2;

2. 阅读程序，写出运行结果。

```
#include<stdio.h>
int main()
{
    int *p, a = 10, b = 1;

    p = &a;
    a = *p + b;
    printf("a = %d, *p = %d\n", a, *p);

    return 0;
}
```

3. 阅读程序，写出运行结果。

```
#include<stdio.h>
int main()
{
    int a, b, k = 5, m = 4;
    int *p1 = &k, *p2 = &m;

    a = p1 == &m;
    b = (-*p1)/(*p2) + 7;

    printf("a = %d\n", a);
    printf("b = %d\n", b);

    return 0;
}
```

4. 阅读程序，写出运行结果。

```
#include<stdio.h>
int sub(int *p);

int main()
{
    int i,k;
    for(i=0; i<4; i++)
    {
        k=sub(&i);
        printf("k=%d\n",k);
    }

    return 0;
}

int sub(int *p)
{
    static int t=0;
    t=*p+t;
    return t;
}
```

5. 阅读程序，写出运行结果。

```
#include<stdio.h>
int main()
{
    int a[]={1,2,3,4,5,6};
    int i;

    *(a+3)+=2;
    printf("n1=%d,n2=%d\n", *a, *(a+3));

    return 0;
}
```

实验7-2 指针与一维数组

【知识点回顾】

1. 一维数组的指针

假定有

```
int a[5];
```

(1) 一维数组的首地址：数组元素在内存存放的起始地址,即数组名 a 或 a+0。

(2) 一维数组各元素的地址：数组元素是连续存放的,故可用 a+0,a+1,…表示。

(3) 其中第 0 个元素的地址即数组的首地址,也可用数组名 a 表示。

2. 指向一维数组的指针变量

(1) 声明,形如：类型说明符 * 指针变量名;(注意此处的类型说明符必须与指针变量指向的一维数组元素类型匹配)。

(2) 初始化,形如：指针变量名=指针指向的一维数组名;。

(3) 利用指针变量访问数组元素,形如：*(指针变量+i);。

3. 结合数组名或指针变量访问一维数组元素的常见形式

假定有

```
int a[5];int *p=a;
```

(1) 引用数组各元素地址的方法：a+i,&a[i],p+i,&p[i](0≤i≤4)。

(2) 引用数组各元素值的方法：a[i],*(a+i),p[i],*(p+i)(0≤i≤4)。

4. 指向一维数组的指针变量的常见操作

(1) p+k：若 p 指向 a[i],则 p+k 指向 a[i+k](前提 a[i+k]存在)。

(2) p-k：若 p 指向 a[i],则 p-k 指向 a[i-k](前提 a[i-k]存在)。

(3) p1-p2：前提是 p1、p2 指向同一个数组中的元素,若 p1 指向 a[i],p2 指向 a[j]则 p1-p2 为 i-j。

(4) p++和 p--：令 p 逐元素后移或前移(前提,该元素存在)。

(5) 两个指针变量的比较运算：==和!=用于判别两个指针是否指向同一元素,<、<=、>、>=的使用前提是两个指针变量必须指向同一数组时,判定两个指针变量位置的前后关系。

(6) *和++组合(假定 p=&a[i])如表 7-2-1 所示。

表 7-2-1

表达式	含义
* p++ 或 *(p++)	自增前表达式的值是 * p,然后自增 p
(* p)++	自增前表达式的值是 * p,然后自增 * p
* ++p 或 *(++p)	先自增 p,自增后表达式的值是 * p
++ * p 或 ++(* p)	先自增 * p,自增后表达式的值是 * p

【典型例题】

1. 例题 1,指针与一维数组配合的基本运算。

```
#include <stdio.h>

int main()
{
    int i, array[5] = {12, 23, 34, 45, 56};
    int * p;

    //数组名 array 即为数组元素起始地址,用于初始化指针变量
    p = array;

    for(i = 0; i < 5; i++)
    {
        // * p++ 意为先间接访问数组元素 * p,然后 p++ 即移动指针指向下一个数组元素
        printf(" %4d", * p++);
    }
    return 0;
}
```

12 23 34 45 56

图 7-2-1

程序运行效果如图 7-2-1。

2. 例题 2,设计函数打印数组,要求数组采用参数的地址传递实现。

1) 用数组名作为函数形参

```
#include <stdio.h>

//函数声明,参数 1 使用了数组形式的形参,即参数 1 使用地址传递
//参数 2 使用了简单变量的形参,即参数 2 使用值传递
void printArray(int array[], int size);

int main()
{
    int a[] = {75, 58, 89, 64, 77, 93};
    int n = sizeof(a)/sizeof(int);                //计算数组元素个数
    //函数调用,实参 1 为数组,符合形参 1 的要求
    //实参 2 使用整型变量,符合形参 2 的要求
    printArray(a, n);
    return 0;
}
```

```
void printArray(int array[], int size)
{
    int i;
    //本函数的主要功能: 逐个打印数组元素
    for(i = 0; i < size; i++)
      printf(" %4d", array[i]);
    printf("\n");
}
```

程序运行结果如图 7-2-2 所示。

```
75  58  89  64  77  93
```

图 7-2-2

2) 用指针变量作为函数形参

```
#include <stdio.h>

//函数声明,参数 1 使用了指针变量,即参数 1 要求使用地址信息
//参数 2 使用了简单变量的形参,即参数 2 使用值传递
void printArray(int * parray, int size);

int main()
{
    int a[] = {75, 58, 89, 64, 77, 93};
    int n = sizeof(a)/sizeof(int);              //计算数组元素个数
    //函数调用,实参 1 为数组名,即数组起始地址,仍符合形参 1 的要求
    //实参 2 使用整型变量,符合形参 2 的要求
    printArray(a, n);
    return 0;
}

void printArray(int * parray, int size)
{
    int i;
    //本函数的主要功能: 逐个打印数组元素
    for(i = 0; i < size; i++)
      printf(" %4d", parray[i]);                //parray[i]与 * (parray + i)均可
    printf("\n");
}
```

程序运行结果与 1)相同。

3. 例题 3,查找数组最大值,注意各实现版本的返回类型差别。

1) 第一版: 返回最大值的函数

```
#include <stdio.h>
#define N 10
int findMax(int a[], int n);
int main()
{
    int a[N], * p, max;
    //提示用户输入数组元素
    printf("Enter %d numbers: ",N);

    //利用指针输入元素
```

```
    for(p = a; p < a + N; p++)
      scanf(" % d",p);

    //调用函数寻找数组最大值元素
    max = findMax(a,N);

    //输出结果
    printf("The max number in this array is % d\n",max);
    return 0;
}

int findMax(int a[], int n)
{
    int i,max;
    max = a[0];                                    //初始化最大值
    //逐元素查找,并更新最大值
    for(i = 1; i < n; i++)
      if(a[i]> max)
          max = a[i];
    return max;                                    //返回最大值
}
```

```
Enter 10 numbers: 1 9 2 8 4 7 3 6 5 0
The max number in this array is 9
```

图 7-2-3

程序运行结果如图 7-2-3 所示。

2）第二版：返回最大值的下标值的函数

```
#include < stdio.h>
#define N 10
int  findMax(int a[], int n);
int main()
{
    int a[N], * p,pos;
    //提示用户输入数组元素
    printf("Enter % d numbers: ",N);

    //利用指针输入元素
    for(p = a; p < a + N; p++)
      scanf(" % d",p);

    //调用函数寻找数组最大值元素
    pos  = findMax(a,N);

    //输出结果
    printf("The max number in this array is % d\n",a[pos]);
    return 0;
}

int findMax(int a[], int n)
{
    int i,pos;
    pos  = 0;                                      //初始化最大值下标
    //逐元素查找,并更新最大值下标
```

```
    for(i = 1; i < n; i++)
        if(a[i]> a[pos])
            pos = i;
    return pos;                                         //返回最大值下标
}
```

3）第三版：返回指针的函数

```
#include < stdio.h >
#define N 10
int * findMax(int a[], int n);
int main()
{
    int a[N], * p;
    //提示用户输入数组元素
    printf("Enter %d numbers: ",N);

    //利用指针输入元素
    for(p = a; p < a + N; p++)
        scanf(" %d",p);

    //调用函数寻找数组最大值元素
    p = findMax(a,N);

    //输出结果
    printf("The max number in this array is %d\n", * p);
    return 0;
}

int * findMax(int a[], int n)
{
    int * p, * pmax;
    //初始化最大值地址
    pmax = a;
    //逐元素查找,并更新最大值地址
    for(p = a; p < a + n; p++)
        if( * p > * pmax)
            pmax = p;
    return pmax;                                        //返回最大值地址
}
```

4）第四版：不返回值，但参数使用了指针的函数

```
#include < stdio.h >
#define N 10
void findMax(int a[], int n, int * pmax);
int main()
{
    int a[N], * p,max;
    //提示用户输入数组元素
    printf("Enter %d numbers: ",N);
```

```
    //利用指针输入元素
    for(p = a; p < a + N; p++)
      scanf(" %d",p);

    //调用函数寻找数组最大值元素
    findMax(a,N,&max);

    //输出结果
    printf("The max number in this array is %d\n",max);
    return 0;
}

void findMax(int a[], int n, int * pmax)
{
    int *p;
    //初始化最大值地址
    * pmax = a[0];
    //逐元素查找,并更新最大值地址
    for(p = a; p < a + n; p++)
      if( *p > *pmax)
          * pmax = *p;
}
```

【Q&A】

1. Q：如何通过指针以及数组名来访问一维数组的元素？

A：C语言中，一维数组名代表了数组元素的起始地址，即第0个元素的起始地址，编译器将其看作地址常量(也是指针常量)，因此将数组名赋值给指向元素类型的指针时，即表示将数组元素的起始地址赋给了指针变量，形如：int * p, a[10];p=a;(或者 p=&a[0];)。这样，访问数组a中第i个元素就有了等价的4种访问方式：a[i]、p[i]、*(a+i)、*(p+i)。

2. Q：通过指针访问一维数组的元素时，有4种访问形式，是否意味着指针和数组名是等价的？

A：值得注意的是：通过指针可以辅助访问数组元素，但指针和数组名并非等价。指针是一个变量，可以修改它的值，而数组名不同，是一个代表数组起始地址的常量，不能修改它的值。

3. Q：如果函数调用需要传递数组，形参 int * a 和 int a[]使用效果为什么相同？

A：前一种形参形如 int * a 指针声明，是期望实参是地址信息。后者形参 int a[]也是期望实参是数组起始地址，这里形参并不是数组声明，因此并不为数组分配空间，而只是分配一个指针空间，接纳实参传来的数组起始地址而已，从这个意义上来说，两者效果相同。

4. Q：编写处理数组的循环时，使用数组下标方式和指针算术运算方式相比，哪个更好些？

A：这个问题没有简单的答案。程序设计中，经常看到数组和指针配合紧密，在早期部分机器的C语言指针算术运算会产生执行较快的程序。但在当今的机器上，现代编译器可能会对数组下标方法执行得更好。建议是：两种方法(参考典型例题3的版本一中，主函数中和 findMax 函数中的处理方法)都学习并熟悉，然后在程序设计中采用自然的方法。

5. Q：若有 int a[10]; int *p=a;，则 p++何意，可以 a++吗？

A：上述声明意为元素指针 p 初始化为数组起始地址，即指向了 a[0]元素，则 p++运算意思是移动 p 指针，指向下一个元素，即指向 a[1]元素。

p++运算可行，是由于 p 为指针变量；a++运算则为不正确的运算。这是因为 a 表示数组名，是地址常量，不支持指针运算，也不能作左值。

6. Q：如何理解指针的运算？

A：指针的运算种类有限，仅限于算术运算、关系运算和赋值运算，其中注意优先级即可。

第一，算术运算规则如表 7-2-2 所示(假设 p 和 q 为相同类型指针，n 为整数)。

表 7-2-2

运算形式	运算规则
p++	p+sizeof(*p)
p--	p-sizeof(*p)
p+n	p+n*sizeof(*p)
p-n	p-n*sizeof(*p)
p-q	(p 地址值-q 地址值)/sizeof(*p)

第二，关系运算，除了 p==NULL(该写法较为规范，也常写作 p==0)表示指针 p 为空指针，p!=NULL 表示指针 p 非空外，其余并无特殊性，关系比较依然可用。

第三，指针赋值，可以是普通变量的地址、类型匹配的另一个指针变量、类型匹配的数组名或数组相关地址(行地址，元素地址)，也可以是类型匹配的地址表达式。

赋值中需注意优先级问题，关于优先级的等效表达如表 7-2-3 所示(假设 p 和 q 为相同类型指针)。

表 7-2-3

原表达式	等效表达式
q=*p++	q=*(p++)
q=*++p	q=*(++p)

【实验内容】

1. 编写函数 int * findMin(int a[], int n);，当传递长度为 n 的数组 a 时，函数将返回指向数组的最小元素的指针。

2. 编写程序，用来读一条用户输入消息，然后反向显示这条消息，要求使用指针。程序输出格式如下：

```
Enter a message: Don't worry about me.
Reversal is : .em tuoba yrrow t'noD
```

3. 编写程序，用来读一条用户输入消息，然后检查这条消息是否回文(信息从左到右的字母和从右到左的字母完全一样，忽略所有不是字母的字符)。程序的输出格式如下：

```
Enter a message: He lived as a devil, eh?
Palindrome
```

或者：

```
Enter a message:Madam, I am Adam.
Not a palindrome
```

4. 假设有 enum Bool{false,true};，编写函数 Bool search(int a[], int n, int key);，在拥有 n 个元素长度的数组 a 中查找 key 值。如果找到了，返回 true，否则返回 false。要求使用指针运算而不是下标来访问数组元素。

5. 编写一个函数 void ScoreMap(char inscore[], int outscore[]);，该函数的主要功能将 5 分等级制分数映射为百分制分数，不妨设 A、B、C、D、E 分别对应为 95、85、75、65、55 分，inscore 中存有 5 级制分数，映射结果保存在 outscore 数组中并测试。

【课后练习】

1. 选择题。

(1) 若有声明 int a[10], *p=a;，则 p+5 表示________，*(p+5)表示________。

A. 元素 a[5]的地址　　　　B. 元素 a[5]的值

C. 元素 a[6]的地址　　　　D. 元素 a[6]的值

(2) 若已有声明 char s[10];，则在下面表达式中不表示 s[1]的地址的是________。

A. s+1　　B. s++　　C. &s[0]+1　　D. &s[1]

2. 填空题。

(1) C 语言中，数组名是一个不可改变的________，不能对它进行赋值运算。数组在内存中占用一段连续的存储空间，它的首地址由________表示。

(2) 若有以下声明和语句，则++(*p)的值是________，*--p 的值是________。

```
int a[4] = {0,1,2,3}, *p;
p = &a[1];
```

(3) 若有定义：int a[]={2,4,6,8,10,12}, *p=a;，则*(p+1)的值是________，*(a+5)的值是________。

(4) 以下程序段通过移动指针变量 m，将如图 7-2-4 所示连续动态存储单元的值，从第一个元素起，输出到屏幕，请填空(假设程序段中的所有变量均已正确说明)。

```
for(m = q; m - q < 10;m++)
    printf(" %3d",________________);
```

(5) 以下程序段通过移动指针变量 m，将如图 7-2-5 所示连续动态存储单元的值，从第一个元素起，输出到终端屏幕，请填空(假设程序段中的所有变量均已正确说明)。

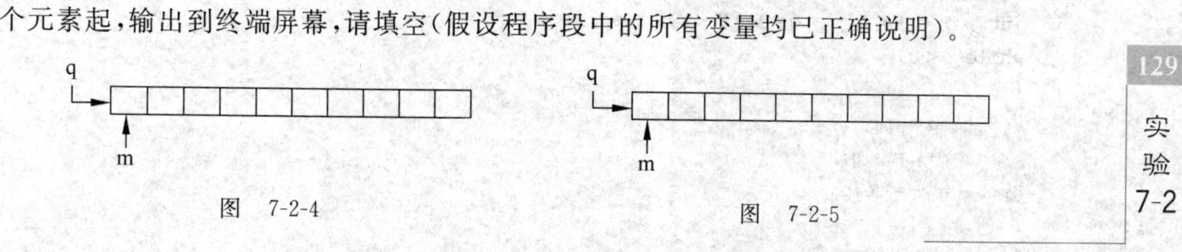

图 7-2-4　　　　图 7-2-5

```
for(m = q; m - q < 10; )
    printf(" %3d", ____________________);
```

(6) 以下程序段通过指针变量 q,给如图 7-2-6 所示连续动态存储单元赋值(此过程中不能移动 q),请填空(假设程序段中的所有变量均已正确说明)。

```
for(k = 0;k < 10;k++)
    scanf(" %d", ______________);
```

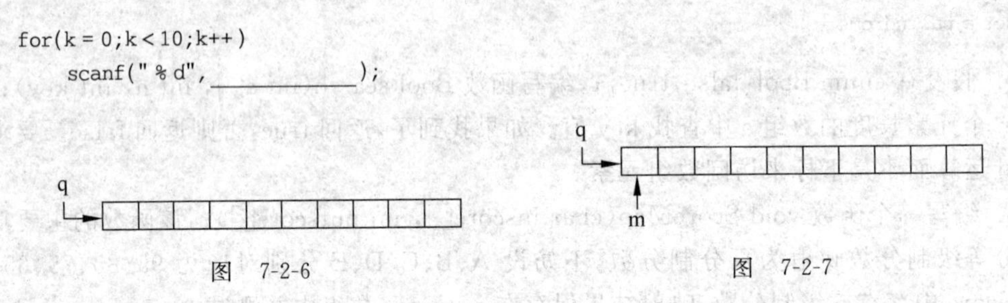

图 7-2-6　　图 7-2-7

(7) 以下程序段通过移动指针变量 m,给如图 7-2-7 所示连续动态存储单元赋值,请填空(假设程序段中的所有变量均已正确说明)。

```
for(m = q; m < q + 10;)
    scanf(" %d", ______________);
```

(8) 若数组 m 如图 7-2-8 所示,则数组元素 m[m[4]+m[8]]的值是________,∗m+m[9]的值是________。m[∗(m+4)]的值是________。

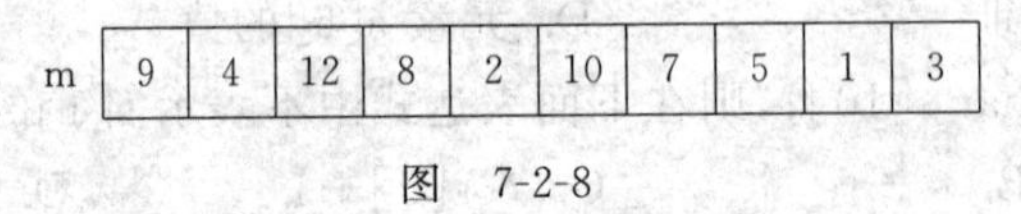

图 7-2-8

(9) 若有声明如 int x[10], ∗p=x;,则在程序中引用数组元素 x[i]的 4 种形式是:________,________,________, x[i]。

(10) 假设下列声明有效:

```
int a[] = {5,10,22,35,9,1,42,60};
int *p = &a[1], *q = &a[5];
```

① ∗(p+3)的值是________。

② ∗(q−3)的值是________。

③ p−q 的值是________。

④ p<q 的值是________。

⑤ ∗p<∗q 的值是________。

(11) 在下列语句执行后,数组 a 的内容是________。

```
#define N 10
int a[N] = {1,2,3,4,5,6,7,8,9,10};
int *p = &a[0]; *q = &a[N-1], temp;
while(p<q)
{
    temp = *p;
    *p++ = *q;
    *q--= temp;
```

}

3. 阅读程序,写出运行结果。

```
#include< stdio.h>
int main()
{
    int x[ ] = {0,1,2,3,4,5,6,7,8,9};
    int s, i, * p;
    s = 0;
    p = &x[0];
    for(i = 1; i < 10; i += 2)
        s += * (p + i);
    printf("sum = % d\n", s);
    return 0;
}
```

4. 阅读程序,写出运行结果。

```
#include< stdio.h>
int main()
{
    int va[10],vb[10], * pa, * pb, i;

    pa = va;
    pb = vb;
    for(i = 0; i < 3; i++,pa++,pb++)
    {
        * pa = i;
        * pb = 2 * i;
        printf(" % d\t % d\n", * pa, * pb);
    }

    pa = &va[0];
    pb = &vb[0];
    for(i = 0; i < 3; i++)
    {
        * pa = * pa + i;
        * pb = * pb * i;
        printf(" % d\t % d\n", * pa++, * pb++);
    }
    return 0;
}
```

实验 7-3 指针与二维数组

【知识点回顾】

1. 二维数组的地址

不妨设有声明如

```
int a[3][4];
```

(1) 该二维数组共计有 3×4,即 12 个元素,所有元素均为 int 型。

(2) 二维数组的首地址:数组名 a。

(3) 各行的行首地址:a+0,a+1,a+2 或者 &a[0],&a[1],&a[2]。

(4) 各行行首元素的起始地址:a[0],a[1],a[2]或者 *(a+0)、*(a+0)、*(a+0)。

(5) 第 i 行第 j 列元素的地址:&a[i][j]或者 *(a+i)+j。

2. 指向二维数组的指针变量

如表 7-3-1 所示。

表 7-3-1

	元素指针	元素指针数组	数组指针
声明	int a[M][N]; int *p;	int a[M][N]; int * p[M];	int a[M][N]; int (*p)[N];
初始化	p= *a; (或 p=&a[0][0])	for (i=0; i<M; i++) p[i]=&a[i][0];	p=a;
访问数组元素	*(p+i)或 p[i] (0≤i<M*N)	*(*(p+i)+j)或 p[i][j] (0≤i<M,0≤j<N)	*(*(p+i)+j)或 p[i][j] (0≤i<M,0≤j<N)

3. 结合数组名或指针变量访问二维数组元素的常见形式

假定有

```
int a[3][4];int (*p)[4]=a;
```

(1) 引用数组各元素地址的方法:*(a+i)+j,&a[i][j],*(p+i)+j,&p[i][j]。

(2) 引用数组各元素值的方法:a[i][j],*(*(a+i)+j),p[i][j],*(*(p+i)+j)。

【典型例题】

1. 例题 1,利用元素指针访问二维数组。

```
#include <stdio.h>
```

```
#define M 3
#define N 4

int main()
{
    int array[M][N];
    int i;
    int * p;                          //指向数组元素类型的指针,元素指针
    p = * array;                      //获取第 0 行首元素起始地址

    //按照数组的物理存储方式访问——看作一维数组
    for (i = 0; i < M * N; i++)
    {
        printf("enter an integer here: ");
        scanf(" %d", p++);            //将输入数据通过元素指针送入数组元素所在单元
    }

    p = * array;                      //重新让 p 指向第 0 行第 0 个元素
    printf("the values of the array are: ");
    for (i = 0; i < M * N; i++)
    {
        printf(" %3d", * p++);        //通过元素指针获取数组元素值并输出
    }
}
```

```
enter an integer here: 1
enter an integer here: 2
enter an integer here: 3
enter an integer here: 4
enter an integer here: 5
enter an integer here: 6
enter an integer here: 7
enter an integer here: 8
enter an integer here: 9
enter an integer here: 10
enter an integer here: 11
enter an integer here: 12
the values of the array are:
  1  2  3  4  5  6  7  8  9 10 11 12
```

图 7-3-1

程序运行效果如图 7-3-1 所示。

2. 例题 2,利用元素指针数组访问二维数组。

```
#include <stdio.h>
#define M 3
#define N 4

int main()
{
    int array[M][N];
    int i,j;
    int * p[M];                       //M 个指向数组元素类型的指针,构成指针数组

    /* 将二维数组看作 M 个一维数组拼凑而成,每行均通过一个元素指针访问,M 行即有 M 个指针,
利用数组管理这 M 个指针,即元素指针数组 */
    for (i = 0; i < M; i++)
    {
        //指针元素逐个初始化,即让第 i 个指针指向二维数组第 i 行行首元素
        p[i] = * (array + i);         //获取行首元素地址,注意元素地址

        for (j = 0; j < N; j++)
        {
            printf("enter an integer here: ");
            scanf(" %d", p[i] + j);   //将输入数据通过本行元素指针送入数组元素
        }
    }
```

```
    //输出二维数组
    printf("the values of the array are: \n");
    for (i = 0; i < M; i++)
    {
        //指针元素逐个初始化,即让第 i 个指针指向二维数组第 i 行行首元素
        p[i] = *(array + i);        //获取行首元素地址,注意元素地址

        for (j = 0; j < N; j++)
        {
            //将输入数据通过本行元素指针送入数组元素所在单元
            printf("%5d", *(p[i] + j));          //*(*(p + i) + j)亦可
        }
        printf("\n");
    }
}
```

程序运行效果如图 7-3-2 所示。

```
enter an integer here: 1
enter an integer here: 2
enter an integer here: 3
enter an integer here: 4
enter an integer here: 5
enter an integer here: 6
enter an integer here: 7
enter an integer here: 8
enter an integer here: 9
enter an integer here: 10
enter an integer here: 11
enter an integer here: 12
the values of the array are:
    1    2    3    4
    5    6    7    8
    9   10   11   12
```

图 7-3-2

3. 例题 3,利用数组指针访问二维数组。

```
#include <stdio.h>
#define M 3
#define N 4

int main()
{
    int array[M][N];
    int i,j;
    int (* p)[N];                    //一个指向一维数组的指针,该一维数组必须拥有 N 个元素

    /*将二维数组看作 M 个一维数组拼凑而成,
    通过一个数组指针访问,也经常被称为行指针 */

    p = array;//初始化行指针为第 0 行首地址(如若需要,也可以是其他行的起始地址)
    for (i = 0; i < M; i++)
    {
        for (j = 0; j < N; j++)
        {
            printf("enter an integer here: ");
            scanf("%d", *(p + i) + j);            //由行地址计算元素地址
        }
    }

    //输出二维数组
    printf("the values of the array are: \n");
    p = array;                                     //重新赋值行指针为第 0 行首地址
    for (i = 0; i < M; i++)
    {
        for (j = 0; j < N; j++)
        {
            //将输入数据通过本行元素指针送入数组元素所在单元
            printf("%5d", *(*(p + i) + j));       //p[i][j]亦可
        }
        printf("\n");
```

```
    }
}
```

程序运行效果与典型例题 2 相同。

【Q&A】

1. Q：二维数组元素与指针有哪些配合使用方式？

A：一个具有 M 行 N 列个元素的二维数组通常有以下三种视角，即三种看待二维数组的方式。

一是按其物理存储的线性方式看作是一个具有 M×N 个元素的特殊的一维数组。

二是按其逻辑视图看作 M 行 N 列的按行存放的二维数组。

三是将其看作 M 个具有 N 个元素的一维数组的拼接。

以下假设有二维数组 int a[M][N]；按此三种视角罗列二维数组的访问方式如下。

(1) 按其物理存储的方式将其看作一个具有 M×N 个元素的特殊的一维数组，访问方法有一种，通过元素指针逐元素访问形如 *(p+i)或者 p[i]。

声明 a 数组元素类型指针如 int * p；形如：

```
p = *a                              //注意必须得到元素地址，并非行地址 a!
for(i = 0; i < M * N;i++)
    printf(" %4d", *(p + i));       //p[i]也可以
```

(2) 按其逻辑视图将其看作 M 行 N 列的二维数组，访问方式有以下两种。

① 通过数组名访问二维数组元素：a[i][j]、*(a[i]+j)、*(*(a+i)+j)、(*(a+i))[j]四者均可以。

② 通过指针数组来表示二维数组元素，形如：

```
int * p[M];                         //指向 int 类型的指针数组，简称指针数组
for (i = 0; i < M; i++)
    p[i] = &a[i][0];                //初始化每个指针，为每行首个元素地址
```

则对于二维数组元素的访问可以是：p[i][j]、*(p[i]+j)、*(*(p+i)+j)、(*(p+i))[j]。

(3) 将其看作 M 个具有 N 个元素的一维数组的拼接，则有一种：

```
int (*p)[N];                        //指向具有 N 个元素的一维数组的指针，简称数组指针
p = a;                              //初始化该指针，为行地址，并非元素地址 *a!
```

则通过 p 指针访问二维数组元素的方式有：p[i][j]、*(p[i]+j)、*(*(p+i)+j)、(*(p+i))[j]。

2. Q：指针数组和数组指针一样吗？

A：二者不一样。

指针数组是一个数组，数组中的每个元素都是一个指针变量，形如 int * p[5]；声明了一个指针数组 p，p 中有 5 个元素，即 p[0]、p[1]、p[2]、p[3]、p[4]，每个元素都是一个指向 int 类型数据的指针变量，每个元素都需要初始化，并可以被修改，其相关操作可参阅典型例题 2。指针数组和普通数组一样，p 为数组名，代表数组的起始地址，是一个常量，不能修改。

数组指针是一个指针变量，它指向一个长度特定的数组，形如 int (*p)[5]；声明了 p 是一个指针，指向一个一维数组，该数组拥有 5 个 int 类型的元素。由此可见，p 是指向数组的指针，称为数组指针，由于它是一个指针变量，因此 p 值可修改指向其他具有 5 个 int 类型元素的一维数组。关于数组指针的初始化及其他操作，可参阅典型例题 3。

3. Q：int(*p)[N]与 int *p[M]有何区别？

A：第一，前者表示 p 是指向数组的指针，该数组元素均为 int 数据类型；后者表示 p 是个指针数组，其数组元素都是指向 int 数据类型的指针。

第二，前者表示一个指针，后者表示一组指针。

第三，前者表示所指的数组中，包含 N 个元素，通常与二维数组列数相同；后者表示有 M 个指针，通常与二维数组行数相同。

4. Q：二维数组中哪些表示元素地址？哪些表示行地址？

A：假设有二维数组 int a[M][N]，则表示元素地址的表示方式有：&a[i][j]、*(a+i)+j、a[i]+j、*(a+i)、a[i]、*a 等，其中 *(a+i)、a[i]是 *(a+i)+j、a[i]+j 中 j 值取 0 的特殊形式，通常代表第 i 行第 0 个元素的起始地址，*a 是 i 和 j 都取 0 值的特殊形式，代表第 0 行第 0 列元素起始地址。

表示行地址的有：a、a+i、&a[i]等。

5. Q：假设有二维数组声明 int a[3][4]；，对于地址运算，a、*a、&a[0]、a[0]结果一样，如何区分？

A：由于数组元素访问形式多样，不妨将上述 4 种结果统一为其中之一，即 *(a+i)+j 的形式，则上述 4 种地址表示为 a、*a、&*(a+0)、*(a+0)。关于其中第三个，考虑到取地址运算 & 和取值运算的互逆性，可进一步简化为 a+0。如此上述问题转化为 a、*a、a+0、*(a+0)的区别上来。

以上四者，运算结果相同，但概念和意义不同，其中 a 和 a+0 仅写法不同，均代表第 0 行起始地址，简称行地址，而 *a 和 *(a+0)也是仅写法不同，代表了第 0 行第 0 列元素的起始地址，简称行首元素地址，而非行地址。

【实验内容】

1. 编写程序，有二维数组如图 7-3-3 所示，请利用三种配合使用的指针形式输入该数组。

(1) 元素指针访问二维数组。

(2) 元素指针数组访问二维数组。

(3) 数组指针访问二维数组。

```
11 12 13 14
21 22 23 24
31 32 33 34
```

图 7-3-3

2. 编写程序，求矩阵 A 的转置矩阵 B，并按矩阵形式打印出两个矩阵，如图 7-3-4 所示。

3. 编写程序，寻找二维数组 a 中每行的最大值，并按一一对应的顺序放入一维数组 s 中。即：第 0 行中的最大值放入 s[0]中，第一行中的最大值放入 s[1]中，……，然后输出每行的行号和最大值。效果如图 7-3-5 所示。

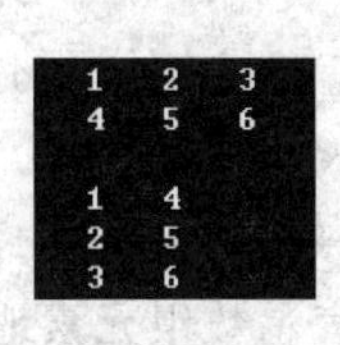

图 7-3-4

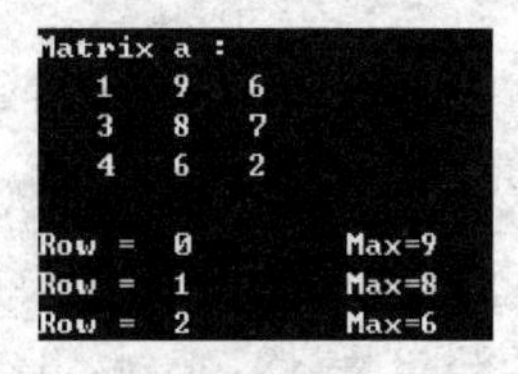

图 7-3-5

4. 编写程序,查找某班级学生中 4 门课程中有一门以上不及格的学生,并输出他们的全部课程成绩。效果如图 7-3-6 所示。

```
No.0 fails,his(her) scores are:   65.0   57.0   70.0   60.0
No.1 fails,his(her) scores are:   58.0   87.0   90.0   81.0
```

图 7-3-6

【课后练习】

1. 选择题。

(1) 若有定义:int a[2][3];,则对 a 数组的第 i 行第 j 列(假设已正确声明并赋值)元素值的正确表示为________。

A. ∗(∗(a+i)+j)　　B. (a+i)[j]　　C. ∗(a+i+j)　　D. ∗(a+i)+j

(2) 若有定义:int a[2][3];,则对 a 数组的第 i 行第 j 列(假设已正确声明并赋值)元素地址的正确表示为________。

A. ∗(a[i]+j)　　B. (a+i)　　C. ∗(a +j)　　D. a[i]+j

(3) 若有声明 int (∗p)[4];,则标示符 p ________。

A. 是一个指向整型变量的指针

B. 是一个指针数组名

C. 是一个指针,它指向一个含有 4 个整型元素的一维数组

D. 声明不合法

(4) 若有以下语句,则对 a 数组元素地址的正确表示是________。

```
int a[2][3], (∗p)[3];
p = a;
```

A. ∗(p+2)　　B. p[2]　　C. p[1]+1　　D. (p+1)+2

(5) 若有以下语句,则对 a 数组元素值的正确引用为________。

```
int a[2][3], (∗p)[3];
p = a;
```

A. (p+1)[0]　　B. ∗(∗(p+2)+1)

C. ∗(p[1]+1)　　D. p[1]+2

(6) 若有以下声明,且 0≤i < 4,则错误的赋值语句是________。

```
int s[4][6], (∗p)[6];
```

A. p=s+i;　　　B. p=s;　　　C. p=&s[i];　　　D. p=*s;

(7) 已知 int i, x[3][4];,则不能把 x[1][1]的值赋给变量 i 的语句是________。

A. i = *(*(x+1)+1)　　　B. i = x[1][1]

C. i = *(*(x+1))　　　D. i = *(x[1]+1)

(8) 已知 int a[2][3]={2, 4, 6, 8, 10, 12};,正确表示数组元素地址的是________。

A. *(a+1)　　　B. *(a[1]+2)　　　C. a[1]+3　　　D. a[0][0]

(9) 已知 int a[3][4], *p;,若要指针变量 p 指向 a[0][0],正确的表示方法是________。

A. p=a　　　B. p=*a　　　C. p=**a　　　D. p=a[0][0]

2. 阅读程序,写出运行结果。

```
#include <stdio.h>
int main()
{
    int a[2][3] = {{1,2,3,},{4,5,6}};
    int m, *ptr;

    ptr = *a;
    m = (*ptr) * (*(ptr + 2)) * (*(ptr + 4));
    printf("%d\n", m);

    return 0;
}
```

3. 阅读程序,写出运行结果。

```
#include <stdio.h>
int main()
{
    int a[3][4] = {1,3,5,7,9,11,13,15,17,19,21,23};
    int (*ptr)[4];
    int sum = 0, i, j;

    ptr = a;
    for(i = 0; i < 3; i++)
        for(j = 0; j < 2; j++)
            sum += *(*(ptr + i) + j);
    printf("%d\n",sum);

    return 0;
}
```

4. *假设下列数组含有一周 24h 的温度读数,数组的每一行是某一天的读数: int temperatures[7][24],请根据天气预报网站提供的实时数据,采用随机值初始化该数组,并编写循环,显示输出该数组内容并计算一周平均温度。

5. *根据 4 中数组内容,编写函数 tempOfDay,显示星期 i 的所有 24 个温度读数,利用指针来访问该行中的每个元素。

6. *根据4中数组内容,编写函数 aveOfDay,计算每天的平均气温,一次传递数组的一行。

7. *根据4中数组内容,编写函数 findLargest 用于显示每一天的最高温度,一次传递数组的一行。

实验7-4 指针与字符数组

【知识点回顾】

1. 指向字符数组的指针

(1) 声明。一般形式如：char * 指针变量名;。

(2) 初始化。一般形式如：指针变量=字符数组名;。

(3) 访问数据。一般形式如：* 指针变量。

2. 指向字符串的指针

(1) 方法一(直接指向字符串常量)：

```
char * 指针变量名 = 字符串常量;
```

(2) 方法二(利用字符数组实现)：

```
char * 指针变量名 = 字符数组名;
```

3. 利用字符指针作为函数参数

(1) 作形参,参见典型例题1。

(2) 作实参,参见典型例题2。

4. C语言有字符串常量,无字符串变量,但往往借助于字符数组实现字符串变量的功能

(1) 字符串常量：形如"hello"。

(2) 用于实现字符串操作的字符数组：一定包含'\0'字符。

5. 常用字符串操作函数(利用字符串指针实现)

(1) 字符串复制函数：char * strcpy(char * s1, char * s2);

功能：读取s2字符串,写入s1,并且返回s1。

参数说明：参数s1需要指向某字符数组,且空间足够,以保证数据的顺利写入。参数s2仅用于读取,此操作并不改写参数s2的内容。

(2) 字符串拼接函数：char * strcat(char * s1, char * s2);

功能：读取s2字符串,追加写入s1的末尾,并且返回s1。

参数说明：参数s1需要指向某字符数组,且空间足够,以保证数据的顺利写入。参数s2仅用于读取,此操作并不改写参数s2的内容。

(3) 求字符串长度函数：unsigned int strlen(char * s);

功能：返回字符串s中第一个'\0'之前(不包括'\0')的字符数。

(4) 字符串比较函数：int strcmp(char * s1, char * s2);

功能：逐字符比较字符串 s1 和 s2，如果相同位置的字符相同，继续比较下一个，如果不同，则返回不同字符的 ASCII 码差值。

【典型例题】

1. 例题 1，试设计函数，将一个字符串复制给另一个字符串。

(1) 版本一，易于理解。

```
#include <stdio.h>
void stringCopy(char * from, char * to);

int main()
{
    //声明区
    char src[80];
    char des[80];

    //输入两个变量
    printf("please enter a string:");
    gets(src);

    //复制
    stringCopy(src, des);

    //输出源串
    printf("src:\t");
    puts(src);

    //输出复制串
    printf("\ndes:\t");
    puts(des);
    return 0;
}

void stringCopy(char * from, char * to)
{
    //先把 from 指向的源字符逐个复制给 to 指向的目标串中
    //判断该字符是否为'\0',若是结束循环,
    //否则 from 和 to 自增,指向下一个字符
    while(( * to =  * from) != '\0')
    {
        to ++;
        from++;
    }
}
```

(2) 版本二,简化函数 stringCopy。

```
void stringCopy(char * from, char * to)
{
    //先把 from 指向的源字符逐个复制给 to 指向的目标串中
    //判断该字符是否为'\0',若是结束循环,
    //否则 from 和 to 自增,指向下一个字符
    while(( * to++ =  * from++) != '\0');
}
```

(3) 版本三,进一步简化函数 stringCopy。

```
void stringCopy(char * from, char * to)
{
    //from 源字符逐个复制给 to 目标串中,非 0 继续循环,否则结束循环
    while(( * to++ =  * from++));
}
```

无论以上哪个版本,程序运行效果如图 7-4-1 所示。

```
please enter a string:hello, world!
src:    hello, world!

des:    hello, world!
```

图 7-4-1

2. 例题 2,指针与一维字符数组。

```
#include <stdio.h>

int main()
{
    int i;
    char * p1 = "English";                    //字符指针指向字符串常量
    char str[] = "Programming";               //字符数组
    char * p2;
    p2 = str;                                 //字符指针指向字符数组

    //方式 1: 串输出
    printf("%s\n", p1);

    //方式 2: 串输出
    puts(p2);

    //方式 3: 逐字符输出
    for(i = 0; str[i]! = '\0'; i++)
          printf("%c", * (str + i));

    printf("\n");
    return 0;
}
```

```
English
Programming
Programming
```

图 7-4-2

程序运行效果如图 7-4-2 所示。

3. 例题 3,指针与二维字符数组。

```
#include <stdio.h>
#define M 3
#define N 8
```

```
int main()
{
    int i,j;
    char str[M][N] = {"English","Chinese","Maths"};
    char ( * ps)[N];

    printf("方法一：逐字符输出,数组名指针表示法:\n");
    for(i = 0;i < M;i++)
    {
        for(j = 0; j < N; j++)
            printf(" % c", * ( * (str + i) + j));
        printf("\n");
    }

    printf("\n 方法二:逐行串方式输出,数组名下标表示法\n");
    for(i = 0;i < M;i++)
        printf(" % s\n",str[i]);

    printf("\n 方法三:逐行串方式输出,一维数组指针访问二维数组\n");
    ps  =  str;                                    //数组第 0 行起始行地址
    for(i = 0;i < M;i++)
          printf(" % s\n",ps[i]);

    return 0;
}
```

程序运行效果如图 7-4-3 所示。

```
方法一：逐字符输出，数组名指针表示法:
English
Chinese
Maths

方法二:逐行串方式输出，数组名下标表示法
English
Chinese
Maths

方法三:逐行串方式输出，一维数组指针访问二维数组
English
Chinese
Maths
```

图 7-4-3

4. 例题 4,指针数组实现字符串数组。

```
#include < stdio.h>
#define M 3
int main()
{
    int i;
    //指针数组,每个指针指向一个字符串常量
    char * str[M] = {"English","Chinese","Maths"};                    //指针数组

    for(i = 0;i < M;i++)
```

```
        puts(str[i]);
    return 0;
}
```

图 7-4-4

程序运行效果如图 7-4-4 所示。

【Q&A】

1. Q：字符串和字符有什么区别?

A：字符数据没有特定的结束标记,仅标识一个字符,字符串长度不定,以'\0'作为其结束标识。

2. Q：gets()与 scanf()在提取字符串数据输入的功能上,有什么区别?

A：gets 允许提取用户输入带有空格的字符串信息,而 scanf 则提取用户输入的信息,遇到空格时结束。

3. Q：字符数组的长度和字符串长度有何区别? 如何得到一个字符串的长度?

A：字符数组的长度是在声明数组时确定的,即数组的长度(数组元素个数),而字符串的长度则取决于字符串结束符'\0',即从指定位置起,到遇到第一个'\0'之前的元素个数为字符串长度。可以使用字符串长度测算函数 strlen()计算字符串长度。

4. Q：是否每个字符数组都应该包含'\0'字符空间?

A：不是,因为不是每个字符数组都作为字符串使用。

5. Q：使用指针变量操作字符串与使用字符数组操作字符串的区别是什么?

A：第一,定义方式不同：用字符指针操作字符串的定义方式为 char * pstr="hello";,并且,该定义可以拆分为先声明后初始化,即 char * pstr;pstr="hello";,用字符数组存放字符串的格式为 char str[]="hello";,并且,该定义不可拆分。

第二,字符串存储的位置不同：对于字符数组,如果是全局数组或者静态的数组,则存放在静态存储区,对于局部的字符数组,字符串存放在系统堆栈区；而对于字符指针操控的字符串常量,这是存放在全局常量符号区域的,指针变量中存放了字符串的起始地址而已。

第三,读写操作不同：指针变量操作的字符串是常量,禁止修改指针指向的字符串内容,仅作只读访问；而数组存放的字符串内容均为变量实现,允许修改字符串中的内容,即可读可写。

第四,地址可变性不同：指针变量指向的字符串不可变,但指针变量本身的值可以改变,即指针变量可以改指向其他字符串,如上述 pstr+=2;或者 pstr="world";均可以；但字符数组的地址却被编译器视作地址常量,不可改变,因此不允许出现 str +=2 或者 str ="world"这样的表达式。

【实验内容】

1. 仿照典型例题 1,参考 strcmp 库函数的功能,设计自定义字符串比较函数 stringCompare,并进行测试。

2. 编写程序,对一个字符数组中的全部字符进行排序并输出。

3. 编写程序，输入一个电话号码，要求用英文把这个电话号码"读"出来，例如：78223708 应读作 Seven、Eight、Two、Two、Three、Seven、Zero、Eight。

提示：定义 10 个数字对应的 10 个字符串，或者字符数组，或者字符串数组。

4. 设计 trim 函数，删除字符串"abce e   "尾部的空格。

5. 下面程序的功能是输入一个字符串，然后指定一个字符，将字符串中包含的所有指定字符删除，如图 7-4-5 所示，首先输入字串"hello,everyone!"，然后用户输入指定字符'o'，程序将字串中的'o'字符全部删除，并最终输出处理过的字串。要求使用字符指针操作。可参阅实验 5-3 课后练习 7。

```
Please input a string: hello, everyone!
which character will be deleted? o
hell, everyne!
```

图 7-4-5

【课后练习】

1. 选择题。

(1) 下面不正确的字符串赋值或初始化语句是________。

A. char * str; str = "string";

B. char str[7]={ 's', 't', 'r', 'i', 'n', 'g'};

C. char str[10]; str="string";

D. char str1[]="string", str2[20]; strcpy(str2, str1);

(2) 已知 char b[5], *p=b;，则正确的赋值语句是________。

A. b="abcd"; B. *b="abcd"; C. p="abcd"; D. *p="abcd";

(3) 若已有声明 char s[20]= "programming", *ps=s;，则不能引用字母'o'的表达式是________。

A. ps+2 B. s[2] C. ps[2] D. ps+=2; *ps

(4) 已知：char c[8]= "beijing", *s=c; int i;，则下面的输出语句中错误的是________。

A. printf("%s\n", s);

B. printf("%s\n", *s);

C. for(i=0; i<7; i++)
    printf("%c", c[i]);

D. for(i=0; i<7; i++)
    printf("%c", s[i]);

(5) 已知 char s[10], *p=s;，则在下列语句中，错误的语句是________。

A. p=s+5; B. s=p+s; C. s[2]=p[4]; D. *p=s[0];

(6) 下面判断正确的是________。

A. char * a="china"; 等价于 char *a; *a="china";

B. char str[10]={"china"};等价于 char str[10]; str[]={"china"};

C. char *s = "china"; 等价于 char *s; s="china";

D. char c[4]= "abc", d[4]= "abc"; 等价于 char c[4]=d[4]= "abc";

(7) 下面能够正确进行字符串赋值操作的是________。

A. char s[5]={ "ABCDE"};

B. char s[5]={ 'A', 'B', 'C', 'D' , 'E'};

C. char * s ; s="ABCDE";

D. char * s; scanf("%s", s);

(8) 设有下面的程序段：char s[]="china"; char * p; p=s;

则下列叙述正确的是________。

A. s 和 p 完全相同

B. 数组 s 中的内容和指针变量 p 中的内容相等

C. s 数组长度和 p 所指向的字符串长度相等

D. * p 与 s[0]相等

(9) 以下正确的程序段是________。

A. char str[20]; scanf("%s", &str);

B. char * p; scanf("%s", p);

C. char str[20]; scanf("%s", &str[0]);

D. char str[20], * p=str; scanf("%s", p[2]);

(10) 以下正确的程序段是________。

A. char str1[]="12345", str2[]="abcdef"; strcpy(str1, str2);

B. char str[10], * st="abcde"; strcat(str, st);

C. char str[10]= " ", * st="abcde"; strcat(str, st);

D. char * st1="12345", * st2="abcde"; strcat(st1, st2);

(11) 以下程序段的运行结果是________。

```
char a[] = "language", *p;
p = a;
while( *p != 'u')
{
    printf(" %c", *p - 32);
    p++;
}
```

A. LANGUAGE B. language C. LANG D. langUAGE

(12) 若有语句 char s1[]="string", s2[8], * s3, * s4="string2";,则对库函数 strcpy 的正确调用是________。

A. strcpy(s1,"string2"); B. strcpy(s4,"string1");

C. strcpy(s3,"string1"); D. strcpy(s2,s1);

(13) 若有声明语句如下,则不正确的叙述是________。

```
char a[] = "It is mine";
char *p = "It is mine";
```

A. a+1 表示的是字符 t 的地址

B. p 指向另外的字符串时,字符串的长度不受限制

C. p 变量中存放的地址值可以改变

D. a 中只能存放 10 个字符

(14) 已知函数定义如下,函数 func 的功能是________。

```
func(char * s1, char * s2)
{while( * s2++ =  * s1++);}
```

A. 串复制　　　B. 求串长　　　C. 串比较　　　D. 串反向

(15) 若有声明 char * language[ ] = { "FORTRAN", "BASIC", "PASCAL", "JAVA", "C#"};,则表达式 language[2]的值是________。

A. 一个字符　　　B. 一个地址　　　C. 一个字符串　　　D. 一个不定值

(16) 若有声明 char * language[ ] = { "FORTRAN", "BASIC", "PASCAL", "JAVA", "C#"};,则以下描述中错误的是________。

A. language+2 表示字符串"PASCAL"的首地址

B. * language[2]的值是字母 P

C. language 是一个字符型指针数组,它包含 5 个元素,每个元素都是一个指向字符串常量的指针

D. language[2] 表示字符串"PASCAL"的首地址

(17) 若有声明 char * language[ ] = { "FORTRAN", "BASIC", "PASCAL", "JAVA", "C#"};,则表达式 * language[1] > * language[3]比较的是________。

A. 字符 F 和字符 P

B. 字符串"BASIC"和字符串"JAVA"

C. 字符 B 和字符 J

D. 字符串"FORTRAN"和字符串"PASCAL"

2. 阅读程序,写出运行结果。

```
#include <stdio.h>
#include <string.h>
int main()
{
    char s[20] = "abcd";
    char * sp = s;

    sp++;
    strcat(sp, "ABCD");
    puts(sp);

    return 0;
}
```

3. 阅读程序,写出运行结果。

```
#include <stdio.h>
int main()
{
    char s[] = "abcd", * p;
```

```
    for(p = s + 1; p < s + 4; p++)
        printf("%s\n", p);

    return 0;
}
```

4. 阅读程序,写出运行结果。

```
#include <stdio.h>
#include <string.h>
int main()
{
    char str1[10] = "abc";
    char * p2 = "ABCD";
    char str2[50] = "xyz";

    strcpy(str2 + 2, strcat(str1,p2));
    printf("%s\n", str);

    return 0;
}
```

5. 阅读程序,写出运行结果。

```
#include <stdio.h>
int main()
{
    char a[] = "Program", *ptr;

    for(ptr = a; ptr < a + 7; ptr += 2)
        putchar(*ptr);

    return 0;
}
```

6. 阅读程序,写出运行结果。

```
#include <stdio.h>
int main()
{
    char a[] = "Basic", *ptr;

    for(ptr = a; ptr < a + 5; ptr++)
        printf("%s\n", ptr);

    return 0;
}
```

实验 7-5 其他指针

【知识点回顾】

1. 指向函数的指针变量

(1) 声明。一般形式如：返回值类型(＊函数指针变量名)(参数类型列表);。

(2) 初始化。一般形式如：函数指针变量＝函数名;。

(3) 调用。一般形式如：(＊函数指针变量名)(实参)。

2. 返回值为指针类型的函数

形如：

```
返回值类型＊ 函数名(参数类型列表);
```

3. 指针数组(每一个数组元素都是指向同一数据类型的指针)

形如：

```
数据类型＊ 数组名[参数类型列表];
```

4. 指向指针的指针

形如：

```
数据类型 ** 指针变量名;
```

5. 指针小结

如表 7-5-1 所示。

表 7-5-1

形 式	含 义
int i;int ＊p;p=&a	p 为指向整型数据 i 的指针变量
int a[5];int ＊p;p=a;	p 为元素指针,指向包含 5 个整型元素的一维数组 a 的起始元素(p 指向 a[0])
int a[3][4];int ＊p;p=＊a;	p 为元素指针,指向包含 3 行 4 列二维整型数组 a 的起始元素的指针变量(p 指向 a[0][0])
int a[3][4]; int ＊p [3]; p[i]=a[i];	p 为指针数组,每个指针指向 3 行 4 列二维数组 a 的每一行的起始元素(p 指向 a[i][0])
int a[3][4];int (＊p)[4];p=a;	p 为数组指针,指向包含 3 行 4 列二维整型数组 a 的起始行的指针变量(p 指向 a 的第 0 行)

续表

形　式	含　义
int (*p)(int x,int y);	p为函数指针,指向某类函数的指针变量(该函数需要两个整型参数,返回一个整型数据)
int* p(int x,int y);	p为函数名(该函数需要两个整型参数,返回一个指向整型数据的指针)
int a;int *k=&a;int **p=&k	k为指向整型数据a的指针变量,p为指向指针变量k的指针变量

【典型例题】

1. 例题1,双重指针与指针数组实现字符串数组。

```
#include <stdio.h>
#define M 3
int main()
{
    int i;
    //指针数组,每个指针指向一个字符串常量
    char * str[M] = {"English","Chinese","Maths"};
    char ** p;                          //双重指针
    p = str;                            //p指向str指针数组第0个元素,即指向第0行字符串
    //*p指向第0行起始元素,即*(str+0)+0,**p即str[0][0]

    for(i=0;i<M;i++)
        puts(*(p+i));                   //或者puts(p[i])
    return 0;
}
```

```
English
Chinese
Maths
```

图　7-5-1

程序运行效果如图7-5-1所示。

2. 例题2,指针的值传递与地址传递。

```
#include <stdio.h>
#define M 10
void input(int * pmax, int * pmin);
void output(int * pmax, int * pmin);
void max1(int * pmax, int * pmin);
void max2(int ** pmax, int ** pmin);
int main()
{
    //变量声明以及指针变量初始化
    int x, y;
    int *pmax, *pmin;
    pmax = &x;
    pmin = &y;

    //通过指针输入变量值,并显示输出
    input(pmax,pmin);
    output(pmax, pmin);

    //通过指针值传递函数调用,
    //希望让pmax指针指向较大的数值,pmin指向较小的数值,失败
    max1(pmax, pmin);
    output(pmax, pmin);
```

```
    //通过指针地址传递函数调用,
    //希望让 pmax 指针指向较大的数值,pmin 指向较小的数值,成功
    max2(&pmax, &pmin);
    output(pmax, pmin);

    return 0;
}
void input(int * pmax, int * pmin)
{
    printf("please enter two integers,like a,b : ");
    scanf("%d%d",pmax,pmin);
}

void output(int * pmax, int * pmin)
{
    printf("*pmax = %d, *pmin = %d\n", *pmax, *pmin);
}

//指针的值传递,注意值传递中,形参发生的改变不会影响实参
void max1(int * pmax, int * pmin)
{
    int *ptemp;
    if(*pmax<*pmin)
    {
        ptemp=pmax;
        pmax=pmin;
        pmin=ptemp;
    }
}

//指针的地址传递,指针发生的改变效果保留下来
void max2(int ** pmax, int ** pmin)
{
    int *ptemp;
    if(**pmax<**pmin)
    {
        ptemp= *pmax;
        *pmax= *pmin;
        *pmin=ptemp;
    }
}
```

```
please enter two integers,like a,b : 3 5
*pmax = 3, *pmin = 5
*pmax = 3, *pmin = 5
*pmax = 5, *pmin = 3
```

图 7-5-2

程序运行效果如图 7-5-2 所示。

3. 例题 3,双重指针与二维字符数组。

```
#include <stdio.h>
#define M 3
int main()
{
    int i;
    char * str[M] = {"English","Chinese","Maths"};
    char ** p;
    p = str;                    //p 指向 str 指针数组第 0 个元素,即指向第 0 行字符串
    //*p 指向第 0 串的起始元素,即*(str+0),**p 即字符'E'
```

```
    for(i = 0;i < M;i++)
        puts( * (p + i));              //或者 puts(p[i])
    return 0;
}
```

English
Chinese
Maths

图 7-5-3

程序运行效果如图 7-5-3 所示。

4. 例题 4,指针函数。

```
#include < stdio.h >
#define N 13

int main()
{
    //声明区
    int m;
    char * name[] = {"invalid month number","January","February","March",
            "April","May","June","July","August",
            "September","October","November","December"};
    char * pm;                        //指针变量
    char * month(char ** , int);      //指针函数声明

    //用户输入
    printf("please enter a number of month here:");
    scanf(" % d", &m);

    //查找,调用指针函数查找
    pm = month(name, m);

    //根据返回结果输出
    printf("Month % 2d is % s.\n", m, pm);

    return 0;
}
//指针函数定义
char * month(char ** name, int m)    //返回指针的函数
{
    if(m <= 0 || m > 12)
        return name[0];
    else
        return name[m];
}
```

please enter a number of month here:11
Month 11 is November.

图 7-5-4

程序运行效果如图 7-5-4 所示。

5. 例题 5,函数指针。

```
#include < stdio.h >
#define N 13
//函数声明,注意三个函数除了函数名不同,其他均相同
int plus(int x, int y);
int minus(int x, int  y);
int multiply(int x, int y);
```

```
int main()
{
    //声明区
    int a, b;
    //函数指针,除了函数名换成了函数指针变量,其他与函数声明相同
    int ( * pf)(int, int);

    //输入两个变量
    printf("please enter a number of month here:");
    scanf("%d%d", &a, &b);

    //计算并输出
    pf = plus;
    printf("%d + %d = %d\n",a,b, ( * pf)(a,b));

    pf = minus;
    printf("%d - %d = %d\n", a,b,( * pf)(a,b) );

    pf = multiply;
    printf("%d * %d = %d\n", a,b,( * pf)(a,b) );

    return 0;
}
//三个函数的具体定义
int plus(int x, int y)                  //加法
{
    return x + y;
}

int minus(int x, int  y)                //减法
{
    return x - y;
}

int multiply(int x, int y)              //乘法
{
    return x * y;
}
```

```
please enter a number of month here:3 5
3 + 5 = 8
3 - 5 = -2
3 * 5 = 15
```

图 7-5-5

程序运行效果如图 7-5-5 所示。

【Q&A】

1. Q：int(* func)()与 int * func()有何区别?

A：前者表示 func 是一个函数指针,它指向一个返回 int 类型,形参列表为空的函数;后者是一个指针函数,即返回指针的函数,有时也简称其为指针函数。

2. Q：为何说函数名就是函数的入口地址?

A：编译器在处理函数时,函数名是一个地址值,编译器编译的时候会把它当做一个地

址来解析。

3. Q：指针函数和函数指针如何区分？

A：指针函数，即返回类型为指针的函数，其格式为：数据类型 * 函数名（形参列表)；。用于描述函数应向主调函数返回一个指向指定数据类型的指针。

而函数指针，即指向函数的指针，其格式为：数据类型（* 指针变量名)(形参列表)；。用于描述指针用于指向某一类函数。这些函数必须具有指定数据类型的返回类型和指定的形参列表。

4. Q：函数指针定义时，若无参数列表，能否省略其参数列表所在的括号？

A：假设形如 int(* func)()的函数指针声明，若形参列表为空，其括号仍旧不能省略。

5. Q：函数指针能否进行指针运算？

A：如果函数指针不能构成数组，则不能进行算术运算，函数指针的移动毫无意义。

【实验内容】

1. 请设计完成程序中的主函数，使得以下程序使用函数指针实现三个已有函数的调用。效果如图 7-5-6 所示。

```
#include <stdio.h>
main()
{
   //要求使用函数指针调用这些函数
}

int max(int x,int y)
{
    return (x>y?x:y);
}

int min(int x,int y)
{
    return (x<y?x:y);
}

int add(int x,int y)
{
    return (x+y);
}
```

```
Please input two integers here,like a,b: 4,7
max=7   min=4   sum=11
```

图 7-5-6

2. 编写程序，完成主函数设计，利用函数指针让用户通过菜单选择完成数组的输入、输出、升序排序、降序排序等操作。效果如图 7-5-7 所示。

```
#include <stdio.h>
#define N 10
void ascSort(int a[],int size)          //升序排列
void descSort(int a[],int size)         //降序排列
void input(int a[], int size)           //数据输入
```

```
void output(int a[], int size)    //数据输出
```

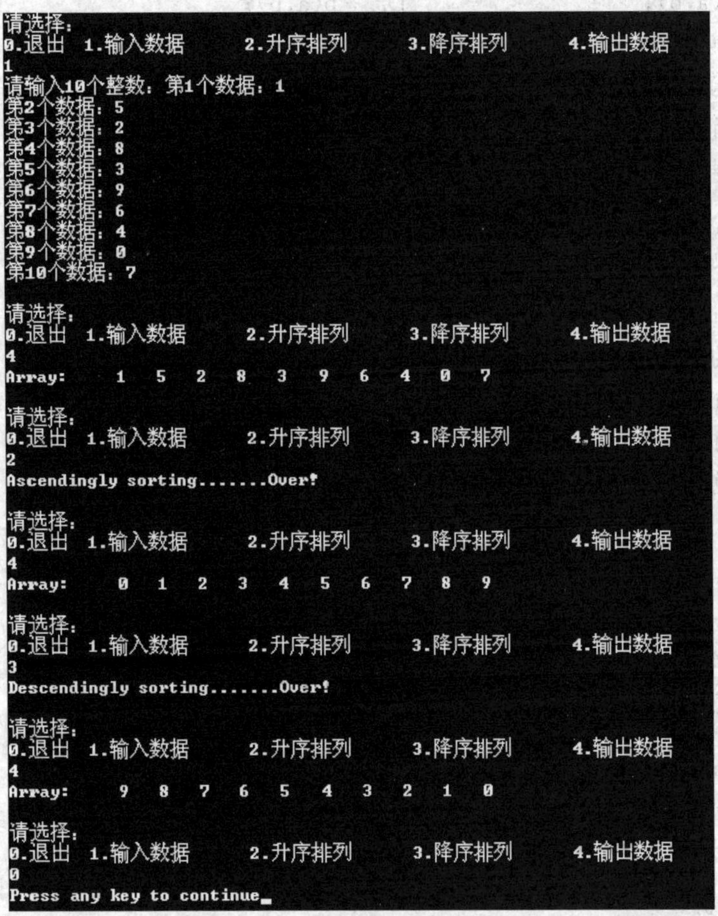

```
请选择:
0.退出  1.输入数据      2.升序排列      3.降序排列      4.输出数据
1
请输入10个整数: 第1个数据: 1
第2个数据: 5
第3个数据: 2
第4个数据: 8
第5个数据: 3
第6个数据: 9
第7个数据: 6
第8个数据: 4
第9个数据: 0
第10个数据: 7

请选择:
0.退出  1.输入数据      2.升序排列      3.降序排列      4.输出数据
4
Array:     1   5   2   8   3   9   6   4   0   7

请选择:
0.退出  1.输入数据      2.升序排列      3.降序排列      4.输出数据
2
Ascendingly sorting.......Over!

请选择:
0.退出  1.输入数据      2.升序排列      3.降序排列      4.输出数据
4
Array:     0   1   2   3   4   5   6   7   8   9

请选择:
0.退出  1.输入数据      2.升序排列      3.降序排列      4.输出数据
3
Descendingly sorting.......Over!

请选择:
0.退出  1.输入数据      2.升序排列      3.降序排列      4.输出数据
4
Array:     9   8   7   6   5   4   3   2   1   0

请选择:
0.退出  1.输入数据      2.升序排列      3.降序排列      4.输出数据
0
Press any key to continue_
```

图 7-5-7

【课后练习】

1. 选择题。

(1) 语句 int (* ptr)(); 的含义是________。

A. ptr 是指向一维数组的指针变量

B. ptr 是指向 int 型数据的指针变量

C. ptr 是指向函数的指针,该函数返回一个 int 型数据

D. ptr 是一个函数名,该函数的返回值是指向 int 型数据的指针

(2) 已有函数如 max(a, b),为了让函数指针变量 p 指向函数 max,正确的赋值方法是:________。

A. p=max;　　B. * p=max;　　C. p=max(a,b);　　D. * p=max(a,b);

(3) 已有函数如 max(a, b),若已经使函数指针变量 p 指向函数 max,当希望使用函数指针方式调用该函数时,正确的调用方法是:________。

A. (*p)max(a,b);　　　　B. *pmax(a,b);

C. (*p)(a,b);　　　　D. *p(a,b);

(4) 已有声明 int (*p)();,指针 p ________。

A. 代表函数的返回值　　　　B. 指向函数的入口地址

C. 表示函数的类型　　　　D. 表示函数返回值的类型

(5) 若有声明

```
char * language[] = {"FORTRAN", "BASIC", "PASCAL", "JAVA", "C#"};
char ** q; q = language + 2;
```

则语句 printf("%p", *q);________。

A. 输出的是 language[2]元素的地址

B. 输出的是字符串"PASCAL"

C. 输出的是 language[2]元素的值,它是字符串"PASCAL"的首地址

D. 格式说明不正确,无法得到确定的输出

2. 阅读程序,写出运行结果。

```
#include <stdio.h>
int main()
{
    char * language[] = {"FORTRAN", "BASIC", "PASCAL", "JAVA", "C#"};
    char ** q = language;
    int i;

    for(i = 0; i < 5; i++)
        printf("%s\n", *q++);

    return 0;
}
```

3. 阅读程序,写出运行结果。

```
#include <stdio.h>
int main()
{
    int a[5] = {2,4,6,8,10}, *p, **k;

    p = a;
    k = &p;
    printf("%d", *p++);
    printf("%d\n", **k);

    return 0;
}
```

4. 阅读程序,写出运行结果。

```
#include <stdio.h>
int main()
```

```
{
    char ch[2][5] = {"6937", "8254"}, *p[2];
    int i, j, s = 0;

    for(i = 0; i < 2; i++)
        p[i] = ch[i];

    for(i = 0; i < 2; i++)
        for(j = 0; p[i][j]>'\0'; j += 2)
            s = 10 * s + p[i][j] - '0';

    printf("%d\n", s);

    return 0;
}
```

5. *阅读程序，写出运行结果。

```
#include<stdio.h>
int f1(int (*f)(int));
int f2(int i);

int main()
{
    printf("Answer: %d\n", f1(f2));
    return 0;
}

int f1( int (*f)(int) )
{
    int n = 0;
    while((*f)(n))
        n++;
    return n;
}

int f2(int i)
{
    return i * i + i - 12;
}
```

6. *编写程序，对字符串数组排序后输出。

实验 8-1　结　构　体

【知识点回顾】

1. 构造数据类型

(1) 数组(有序、同质)。

(2) 结构体(无序、异质)。

2. 结构体类型与结构体变量

(1) 结构体类型：用来说明组成结构体的成员信息，包括数据类型、成员名。类型不分配空间，不能赋值，不能访问。

(2) 结构体变量：对应一块分配的内存空间，用来存储结构体类型数据信息，可赋值，可访问。

3. 结构体类型变量的声明

如表 8-1-1 所示。

表　8-1-1

方　法　一	方　法　二
声明结构体类型： struct 结构体类型名 { 　　字段类型 字段名； 　　… 　　字段类型 字段名； }；	声明结构体类型： typedef struct { 　　字段类型 字段名； 　　… 　　字段类型 字段名； }结构体类型名；
声明结构体变量： struct 结构体类型名 结构体变量名；	声明结构体类型： 结构体类型名 结构体变量名；

4. 结构体变量中各成员的访问

一般形式如：

```
结构体变量名.成员名
```

5. 结构体类型变量的初始化

(1) 各成员单独初始化：

```
结构体变量名.成员名 1 = 值;
结构体变量名.成员名 2 = 值;
…
```

结构体变量名.成员名n=值;

(2) 一次性初始化:

结构体变量={各成员的值(用逗号隔开)}

【典型例题】

1. 例题1,使用结构体类型定义一个结构体变量并通过键盘输入一个学生信息,并输出到屏幕。学生信息包括姓名、期末考试成绩。

```
#include<stdio.h>
int main()
{
    //结构体类型定义
    struct student
    {
        char name[20];
        float score;
    };

    //结构体变量声明
    struct student student1;

    //输入信息
    printf("输入姓名:");
    gets(student1.name);                    //允许输入的姓名中包含空格字符

    printf("输入期末成绩:");
    scanf("%f",&student1.score);

    //输出信息
    printf("%-20s%.1f\n",student1.name,student1.score);
    return 0;
}
```

```
输入姓名:zhang san
输入期末成绩:75
zhang san            75.0
```

图 8-1-1

程序运行效果如图8-1-1所示。

2. 例题2,设计程序,使用例题1中描述学生信息的结构体类型声明结构体数组,输入若干个学生信息并做如下要求的统计:按平时成绩40%、期末成绩60%的比例计算总评成绩以及平时成绩、期末成绩、总评成绩的平均分并从屏幕输出。

```
#include<stdio.h>
#define N 3
int main()
{
    //结构体类型定义
    struct student
    {
        char name[20];
```

```
        float score[3];                    //使用成绩数组分别存放平时、期末、总评
    };

    //变量声明
    struct student stu[N];                 //结构体数组
    int i,j;                               //循环辅助变量
    float ave;                             //计算平均分

    //结构体信息输入
    for(i = 0;i < N;i++)
    {
        printf("输入第 %d 位学生的姓名:",i + 1);
        gets(stu[i].name);
        printf("输入平时成绩、期末成绩:");
        scanf(" %f %f" ,&stu[i].score[0],&stu[i].score[1]);
        getchar( );                        //读掉输入缓冲区中剩余的回车符,以便下次数据输入
    }

    //计算个人总评成绩
    for(i = 0;i < N;i++)
        stu[i].score[2] = stu[i].score[0] * 0.4 + stu[i].score[1] * 0.6 ;


    //格式化输出
    //输出表头以及所有学生信息
    printf(" %10s %10s %10s %10s\n","姓名","平时成绩","期末成绩","总评成绩");
    for(i = 0;i < N;i++)
    {
        printf(" %10s",stu[i].name);
        for(j = 0;j < 3;j++)
            printf(" %10.1f",stu[i].score[j]);
        printf("\n");
    }

    //计算并输出班级平均分
    printf(" %10s","平均分" );
    for(i = 0;i < 3;i++)
    {
        ave = 0;                      //重要的清零
        for(j = 0;j < N;j++)
            ave += stu[j].score[i];
        printf(" %10.1f",ave/N);
    }
    printf("\n");
    return 0;
}
```

```
输入第1位学生的姓名:张三
输入平时成绩、期末成绩:75.5 85.5
输入第2位学生的姓名:李四
输入平时成绩、期末成绩:65 78
输入第3位学生的姓名:王五
输入平时成绩、期末成绩:87 76

      姓名  平时成绩  期末成绩  总评成绩
      张三      75.5      85.5      81.5
      李四      65.0      78.0      72.8
      王五      87.0      76.0      80.4
    平均分      75.8      79.8      78.2
```

图 8-1-2

程序运行效果如图 8-1-2 所示。

3. 例题 3,改进例题 2 的程序设计,用函数分别完成学生信息的输入、学生信息的统计。

```
#include < stdio.h >
```

```
#define N 3
//结构体类型定义
struct student
{
    char name[20];
    float score[4];
};

//函数声明,注意形参规定了参数传递方式,参数 1 地址传递,参数 2 值传递
void input(struct student stu[],int n);
void  Statistics(struct student stu[],int n);

//利用函数的好处: 主函数简洁,思路清晰
int main()
{
    //局部数据: 结构体数组
    struct student stu[N];

    //数据输入,调用函数,实参 1 采用地址传递
    input(stu,N);

    //数据统计
    Statistics(stu,N);
    return 0;
}

//数据输入函数定义
void input(struct student stu[],int n)
{
    int i;
    for(i = 0;i < n;i++)
    {
        printf("输入第 % d 位学生的姓名:",i + 1);
        gets(stu[i].name);
        printf("输入平时成绩、期末成绩:");
        scanf(" % f % f" ,&stu[i].score[0],&stu[i].score[1]);
        getchar( );
    }
}

//计算处理并输出函数定义,如果需要,可以拆分成为更小的函数
void  Statistics(struct student stu[],int n)
{
    int i,j;
    float ave;

    //计算每个学生的总评成绩
    for(i = 0;i < N;i++)
        stu[i].score[2] =  stu[i].score[0] * 0.4 + stu[i].score[1] * 0.6 ;
```

```
    //格式化输出每个学生所有信息
    printf("%10s%10s%10s%10s\n","姓名","平时成绩","期末成绩","总评成绩");
    for(i = 0;i < N;i++)
    {
        printf("%10s",&stu[i].name);
        for(j = 0;j < 3;j++)
            printf("%10.1f",stu[i].score[j]);
        printf("\n");
    }

    //计算班级平均分并输出
    printf("%10s","平均分" );
    for(i = 0;i < 3;i++)
    {
        ave = 0;
        for(j = 0;j < N;j++)
            ave += stu[j].score[i];
        printf("%10.1f",ave/N);
    }
    printf("\n");
}
```

程序运行效果与例题 2 相同。

【Q&A】

1. Q：结构体类型和结构体变量有何区别？

A：结构体类型是一种由用户设计和定义的数据类型，编译器由此识别变量的数据类型，但并不为结构体数据类型分配空间。结构体变量则是用已经定义好的结构体类型去声明的变量，编译器根据结构体类型为变量分配空间。

2. Q：typedef 可以用于创建新的变量吗？

A：不可以，typedef 只能为一个已经存在的数据类型创建一个别名，而不能创建一个新的数据类型。

3. Q：对结构体变量可以进行哪些操作？

A：可以把一个结构体变量赋给同类型的另一个结构体变量，可以获取结构体变量的地址，可以访问结构体变量的成员、可以向对普通变量那样操作结构体变量的成员，可以使用 sizeof 运算符来确定结构体变量的长度，可以存取结构体变量的地址及其成员地址等。

4. Q：当试图使用 sizeof 运算符来确定结构中的字节数量时，获得的数大于成员加在一起后的数，为什么？

A：试看 struct{char a; int b;}s;，通常 char 类型仅占一个字节，int 型在 32 位机下通常占 4 个字节，s 应该是 5 个字节，但这未必正确。一些计算机要求数据项从某个数量字节(一般是 4 个字节)的倍数开始，为了满足计算机的要求，通过在邻近的成员之间留“空洞”(即无用字节)的方法，编译器会把结构的成员“排列”起来。如果这样，结构 s 的成员 a 之后将跟着三个字节的空洞，结果 sizeof(a)结果为 8。

另外，就像在成员间有空洞一样，结构体也可能在末尾有空洞，如将上述结构体中两个成员的位置交换一下即可。

5. Q：使用==来判断两个结构体变量是否相等为什么不合法？

A：这种操作超出了C语言的范围。逐个比较结构成员显得效率较低。比较结构中的全部字节看起来相对可行，但是，如果结构中含有空洞，则比较字节会产生不正确的结果。

【实验内容】

1. 现有商店的库存信息表，包括商品名称、库存量、商品出厂价、商品入库日期，如某商品名称为“CU1105”，库存量为1200件，商品出厂价为18.15元，入库日期为“2011年3月15日”。要求设计程序，将该商品信息存入一个结构体变量中，并输出到屏幕。

2. 假设学生信息包括学号、姓名、性别、英语、数学、程序设计、总分、平均成绩等内容，参考典型例题，设计程序，完成以下各项要求。

(1) 主函数中声明结构体数组。

(2) 设计成绩录入函数，完成班级学生的信息录入功能，并于录入的同时，完成每个学生的总分平均分计算。

(3) 设计班级课程平均分计算函数，完成班级每门课程的平均分计算功能。

【课后练习】

1. 选择题。

(1) 已知学生记录描述如下，设置变量s中的“生日”应是“1984年11月11日”，下列对“生日”的正确赋值方式是________。

```
struct student
{
    int no;
    char name[20];
    char gender;
    struct
    {
        int year;
        int month;
        int day;
    }birth;
};
```

A. year = 1984; month = 11; day = 11;

B. birth. year = 1984; birth. month = 11; birth. day = 11;

C. s. year = 1984; s. month = 11; s. day = 11;

D. s. birth. year = 1984; s. birth. month = 11; s. birth. day = 11;

(2) 设有以下说明语句，则下面的叙述不正确的是：________。

```
struct stu
{
    int a;
    float b;
}stutype;
```

A. struct 是结构体类型的关键字

B. struct stu 是用户定义的结构体类型

C. stutype 是用户定义的结构体类型名

D. a 和 b 都是结构体成员名

(3) 根据下面的定义,能打印出字母 M 的语句是________。

```
struct person
{
    char name[9];
    int age;
};
struct person c[10] = {"John",17,
                       "Paul",19,
                       "Mary",18,
                       "adam",16};
```

A. printf("%c\n", c[3].name);

B. printf("%c\n", c[3].name[1]);

C. printf("%c\n", c[2].name[1]);

D. printf("%c\n", c[2].name[0]);

(4) 当说明一个结构体变量时系统分配给它的内存是________。

A. 各成员所需内存量的总和

B. 结构中第一个成员所需内存量

C. 成员中占内存量最大者所需的容量

D. 结构中最后一个成员所需内存量

2. 填空题。

(1) 定义结构体类型的关键字是________。

(2) 有这样一个结构体定义和变量声明:

```
struct abc
{
    char x;
    int y[2];
    char z[20];
}value = {'Y',10,20, "just a test. "};
```

① 用 printf 语句输出结构体变量 value 的各成员值。

____

② 将字符串"hello"存入结构体变量 value 的字符数组中。

____

③ 声明一个指针 vp,将其初始化为指向 value 的变量。

---

④ 假设 bp 指向了结构体变量 value,使用两种不同的指针表示法,将整数 13 和 25 存入 value 的 int 型成员数组 y 中。

---

3. 阅读程序,写出运行结果。

```
#include< stdio.h>
struct n
{
    int x;
    char c;
};

void func(struct n b)
{
    b.x = 20;
    b.c = 'y';
}

int main()
{
    struct n a = {10,'x'};

    func(a);
    printf(" %d, %c\n", a.x, a.c);

    return 0;
}
```

4. 阅读程序,写出运行结果。

```
#include< stdio.h>
int main()
{
    struct sample
    {
        struct
        {
            int x;
            int y;
        }in;
        int a;
        int b;
    }e;

    e.a = 1;
    e.b = 2;
    e.in.x = e.a * e.b;
    e.in.y = e.a + e.b;
```

```
    printf("%d, %d", e.in.x, e.in.y);

    return 0;
}
```


5. 设有三人的姓名和年龄存在结构数组中,以下程序输出三人中年龄居中者的姓名和年龄,请在________中填入正确内容。

```
#include <stdio.h>
struct man
{
    char name[20];
    int age;
}person[] = {"li-ming", 18, "wang-hua", 19, "zhang-ping", 20};

int main()
{
    int i, j, max, min;
    max = min = person[0].age;

    for(i = 1; i < 3; i++)
    {
        if(person[i].age > max)
            ______________________________;
        else if(person[i].age < min)
            ___________________;
    }
    for(i = 0; i < 3; i++)
    {
        if(person[i].age != max ________ person[i].age != min)
        {
            printf("%s %d\n", person[i].name, person[i].age);
            break;
        }
    }
    return 0;
}
```

6. 编写程序,解决题5中,相同结构类型,n个人按年龄排序的函数设计 void SortByAge(struct man * person, int n);并测试之。

7. *编写程序,解决题5中,相同结构类型,n个人按姓名排序的函数设计 void SortByName(struct man * person, int n);并测试之。

实验 8-2　结构体

【知识点回顾】

1. 结构的嵌套

结构中可以包含结构成员。

2. 结构数组

(1) 声明。一般形式如：struct 结构体类型名 数组名[数组长度]；。

(2) 初始化。

方法一(一次性直接初始化)：

```
数组名[数组长度] = {{第 0 个结构体成员数据},{第 1 个结构体成员数据},…{第 n 个结构体成员数据}};
```

方法二(利用 for 循环逐个初始化)：

```
for(i = 0;i <数组长度;i++)
{
    第 i 个结构体变量的初始化
}
```

(3) 结构体成员的访问。一般形式如：数组名[访问元素的下标].成员名。

3. 指向结构体的指针

(1) 声明。一般形式如：struct 结构体类型名 *指针变量名；。

(2) 初始化。指针变量名＝& 结构体变量名。

(3) 结构体成员的访问。一般形式如：指针变量名－＞成员名或(*指针变量名).成员名。

【典型例题】

1. 例题 1,使用指向结构体的指针变量从键盘输入一个学生信息,学生信息包括姓名、期末考试成绩,并输出到屏幕。

```
#include < stdio.h >
int main()
{
    //结构体类型定义
    typedef struct student
    {
```

```
        char name[20];
        float score;
    }Student;                                //类型名为 Student

    //声明结构体变量,以及结构体指针变量
    Student student1, * p;
    p = &student1;

    //输入
    printf("输入姓名:");
    gets(p->name);
    printf("输入成绩:");
    scanf("%f",&(p->score));

    //输出
    printf("\n姓名: %s\t成绩: %.1f\n",p->name,p->score);
    return 0;
}
```

```
输入姓名:张山
输入成绩:92.5

姓名: 张山        成绩: 92.5
```

图 8-2-1

程序运行结果如图 8-2-1 所示。

2. 例题 2,使用指向结构体类型的指针完成设计程序,使用例题 1 中描述学生信息的结构体类型声明结构体数组,输入若干个学生信息并做如下要求的统计:按平时成绩 40%、期末成绩 60%的比例计算总评成绩以及平时成绩、期末成绩、总评成绩的平均分并从屏幕输出。

```
#include <stdio.h>
#define N 3
int main()
{
    struct student
    {
        char name[20];
        float score[4];
    };

    struct student stu[N], *p;
    int i=0,j;
    float ave;

    for(p=stu;p<stu+N;p++)
    {
        printf("输入第%d位学生的姓名:",++i);
        gets(p->name);
        printf("输入平时成绩、期末成绩:");
        scanf("%f%f",&(p->score[0]),&(p->score[1]));
        getchar( );
    }

    for(p=stu; p<stu+N; p++)
        p->score[2] = p->score[0]*0.4+p->score[1]*0.6;
```

```
    printf("%10s%10s%10s%10s\n","姓名","平时成绩","期末成绩","总评成绩");
    for(p = stu;p < stu + N;p++)
    {
        printf("%10s",p -> name);
        for(j = 0;j < 3;j++)
            printf("%10.1f",p -> score[j]);
        printf("\n");
    }

    printf("%10s","平均分" );
    for(i = 0;i < 3;i++)
    {
        ave = 0;
        for(p = stu;p < stu + N;p++)
            ave += p -> score[i];
        printf("%10.1f",ave/N);
    }
    printf("\n");
    return 0;
}
```

```
输入第1位学生的姓名:张三
输入平时成绩、期末成绩:75.5 85.5
输入第2位学生的姓名:李四
输入平时成绩、期末成绩:65 78
输入第3位学生的姓名:王五
输入平时成绩、期末成绩:87 76

      姓名  平时成绩  期末成绩  总评成绩
      张三      75.5      85.5      81.5
      李四      65.0      78.0      72.8
      王五      87.0      76.0      80.4
    平均分      75.8      79.8      78.2
```

图 8-2-2

程序运行结果如图 8-2-2 所示。

3. 例题 3,改进例题 2 的程序设计,用函数分别完成学生信息的输入、学生信息的统计。

```
#include < stdio.h >
#define N 3
struct student
{
    char name[20];
    float score[4];
};

void input(struct student stu[],int n);
void  Statistics(struct student stu[],int n);

int main()
{

    struct student stu[N];
    input(stu,N);
    Statistics(stu,N);
    return 0;
}

void input(struct student *p,int n)
{
    int i;
    for(i = 0;i < n;i++,p++)
    {
        printf("输入第%d位学生的姓名:",i + 1);
        gets(p -> name);
```

```
        printf("输入平时成绩、期末成绩:");
        scanf(" %f %f" ,&( p->score[0]),&( p->score[1] ));
        getchar( );
    }
}

void  Statistics(struct student *p,int n)
{
    int i,j;
    struct student *pb = p;
    float ave;
    for(i = 0;i < N;i++,p++)
        p->score[2] = p->score[0] * 0.4 + p->> score[1] * 0.6 ;

    p = pb;
    printf(" %10s %10s %10s %10s\n","姓名","平时成绩","期末成绩","总评成绩");
    for(i = 0;i < N;i++,p++)
    {
        printf(" %10s", p->name);
        for(j = 0;j < 3;j++)
            printf(" %10.1f", p->score[j]);
        printf("\n");
    }

    printf(" %10s","平均分" );
    for(i = 0;i < 3;i++)
    {
        p = pb;
        ave = 0;
        for(j = 0;j < N;j++,p++)
            ave += p->score[i];
        printf(" %10.1f",ave/N);
    }
    printf("\n");
}
```

程序运行结果同例题 2。

【Q&A】

1. Q：访问结构体变量的成员，有哪些方法？

A：主要有两种：结构体变量名.成员名，结构体指针变量名－＞成员名。

2. Q：结构体与数组有什么不同？

A：非常简单地说，数组拥有两项特性：有序性与同质性，而结构体没有。

详细地说，二者有以下 4 点不同。

第一，定义数组时，无须数组类型名；定义结构体变量前，需先定义结构体类型。

第二，由于数组元素同质且有序，因此对元素的访问可以通过“数组名[下标表达式]”方式进行；由于无序性，结构体访问成员时需要通过“结构变量名.数据成员名”方式进行访问。

第三，数组名代表一批元素的起始地址，是地址常量；结构体名也代表一批成员，但并非它们的起始地址。

第四，数组不能批量赋值，而同类型的结构体变量之间可以整体赋值。

3. Q：若有定义如 struct stu{char s; int age; char c;}s1，则 sizeof(s1)结果是多少？

A：根据程序中结构体定义来看，sizeof(s1)应该是 6 个字节的长度，而事实上，在 32 位机器上运行结果输出为 12，这是由于系统内存分配的对齐机制造成的(参阅实验 8-1Q&A 中第 4 题解释)。因此计算内存分配长度时，尽量使用 sizeof 运算符取代程序设计人员自己计算的结果。

```
#include <stdio.h>
int main()
{
    struct stu
    {
        char s;
        int age;
        char c;
    }s1;
    printf("%d\n",sizeof(s1));
    return 0;
}
```

【实验内容】

1. 创建一个学生结构类型，有姓名、生日、三门功课成绩，设计程序，完成一个学生信息的设定与输出。

2. 根据题 1 中学生结构信息，创建 N 个学生构成的班级学生信息，并按列表的方式输出所有学生信息。试设计信息输入函数和信息输出函数，完成以上功能。

3. 为题 1 中的学生信息结构中添加一个平均成绩，并在输入函数中进行学生平均分的计算。请设计排序函数，对所有学生按平均成绩降序排列，然后利用信息输出函数将排序后的学生信息以列表的方式输出到屏幕上。

【课后练习】

1. 选择题。

若有以下声明和语句，则对 std 中成员 age 的访问方式不正确的是________。

```
struct student
{
    int age;
    int num;
}std, *p;
p = &std;
```

A. std.age　　B. p->age　　C. (*p).age　　D. *p.age

2. 填空题。

(1) 通过指针访问结构体变量成员的两种格式,分别为________和________。

(2) 有如下定义:

```
struct
{
    int x;
    char * y;
}tab[2] = {{1,"ab"},{2,"cd"}}, * p = tab;
```

则:表达式 *p－>y 的结果是________。

表达式 *(++p)－>y 的结果是________。

(3) 有如下定义:

```
struct date
{
    int year,month,day;
};
struct person
{
    char name[8];
    char sex;
    struct date birthday;
}person1;
```

对结构体变量 person1 的出生年份(1980)进行赋值,请填写正确的赋值语句:________。

3. 阅读程序,写出运行结果。

```
#include<stdio.h>
int main()
{
    struct s1
    {
        char c[4];
        char * s;
    }st = {"abc", "def"};

    struct s2
    {
        char * cp;
        struct s1 ss;
    }sd = {"ghi", {"jkl","mno"}};

    printf("%c,%c\n", st.c[0], *st.s);
    printf("%s,%s\n", st.c, st.s);
    printf("%s,%s\n", sd.cp, sd.ss.s);
    printf("%s,%s\n", ++sd.cp, ++sd.ss.s);

    return 0;
}
```

4. 假设某航空公司的机群使用座位容量为12的飞机组成。它每天飞行一个航班。按照以下要求,编写一个座位预订程序。

(1) 程序使用一个包含12个元素的结构体数组,每个元素要包括一个用于标识座位的编号、一个标识座位是否已分配出去的标记、座位预订人的姓、座位预订人的名。结构如下:

```
struct passenger
{
    char number[3];            //一个字母一个数字构成座位标识,如 A1
    int assing;                //座位是否已分配,1 表示已分配,0 表示未分配
    char Lname[10];            //预订人姓
    char name[10];             //预订人名
};
```

(2) 程序运行后显示下列菜单:

请输入字母信息,选择以下字母对应的功能:

a) 显示空座位数目信息

b) 显示空座位列表信息

c) 显示所有座位信息

d) 按用户需求进行座位预订

e) 取消用户座位预订

f) 退出系统

(3) 说明:程序应能执行菜单所列出的所有功能,并在执行完一个特定功能之后,程序再次显示菜单,除非选择了 f)。

5. * 请编写一个函数 void wndProc(char * msg),要求在给定字符串作为实际参数时,此函数搜索下列所示的结构数组,寻找匹配的命令名,然后调用和匹配名称相关的函数。

```
struct
{
    char * cmd_name;
    void ( * cmd_pointer)( );
}file_cmd[ ] =
    {{"new",        new_cmd},
     {"open",       open_cmd},
     {"close",      close_cmd},
     {"close all",  close_all_cmd},
     {"save",       save_cmd},
     {"save as",    save_as_cmd},
     {"save all",   save_all_cmd},
     {"print",      print_cmd},
     {"exit",       exit_cmd},
    };
```

不妨假设每个命令函数设计如下:

```
void new_cmd ( )
{
    printf "new command…\n";
}
```

实验9-1　链表初步

【知识点回顾】

1. 单链表

(1) 头指针：指向链表中第一个结点的指针。

(2) 单向：每个结点只有一个指针域，指向下一个结点(存放下一个结点的地址)。

(3) 尾结点：该结点指针域设置为 NULL，标志链表尾部。

(4) 空链表：头指针为空的链表。

2. 栈式链表

(1) 所有结点均使用系统堆栈区空间，即自动变量。

(2) 优点：无须空间申请与释放管理，不易造成内存泄漏。

(3) 缺点：程序缺少灵活性。

3. 堆式链表

(1) 所有结点均使用自由存储区(堆区)空间。

(2) 优点：程序按结点需求使用空间，空间不浪费，程序灵活。

(3) 缺点：需要使用 malloc 和 free 进行合理的资源管理，容易造成程序泄漏。

4. 资源管理

(1) 内存申请：malloc 函数。

(2) 内存释放：free 函数。

5. 创建链表的方法

(1) 头插法创建链表：每创建新的结点，总是从头部插入链表，即头指针总指向最新创建的结点。链表结点顺序与创建顺序相反。

(2) 尾插法创建链表：每创建新的结点，总是从尾部插入链表，即新结点总是挂接在原有链表的尾结点之后，成为新的尾结点。链表结点顺序与创建顺序相同。

【典型例题】

1. 例题 1，栈式链表。

```
//exp1
#include <stdio.h>
#include <stdlib.h>
```

```
int main()
{
    //Node 类型定义
    typedef struct node
    {
        int data;
        struct node * next;
    }Node;

    //变量声明,创建栈区变量
    Node a,b,c;

    //创建链表,给三个结点数据域赋值,并将其挂链
    a.data = 1;
    b.data = 3;
    c.data = 5;

    a.next = &b;                        //将 b 结点挂在 a 结点之后
    b.next = &c;                        //将 c 结点挂在 b 结点之后
    c.next = NULL;                      //将 c 结点设置为尾结点

    //输出链表
    printf("%d -> ", a.data);
    printf("%d -> ", a.next->data);     //即 b.data
    printf("%d\n", b.next->data);       //即 c.data

    return 0;
}
```

程序运行效果如图 9-1-1 所示。

```
1 -> 3 -> 5
```

图 9-1-1

2. 例题 2,头插法创建单链表,非函数版。

```
#include <stdio.h>
#include <stdlib.h>
#define N 5
int main()
{
    //Node 类型定义
    typedef struct node
    {
        int data;
        struct node * next;
    }Node;

    //变量声明
    Node * phead, *p;                   //头指针
    int i;

    //创建链表
    phead = NULL;                       //很关键,千万别漏了这一步
```

```
    for(i = 0; i < N; i++)
    {
        //创建新结点
        p = (Node * )malloc(sizeof(Node));
        if(p == NULL) return 1;

        //给新结点数据域赋值
        printf("please enter an integer :");
        scanf(" % d", &p -> data);

        //重要的挂链操作
        p -> next = phead;
        phead = p;
    }

    //输出链表并释放链表的结点空间
    printf("the values of the list are:\n");
    for( i = 0; i < N; i++)
    {
        printf(" % 3d ->", phead -> data);

        //释放结点空间
        p = phead;
        phead = phead -> next;
        free(p);
    }
    printf("\b\b \n");                    //屏幕擦除最后的箭头,不很理想的方法,其他方法见下例

    return 0;
}
```

```
please enter an integer :1
please enter an integer :3
please enter an integer :5
please enter an integer :7
please enter an integer :9
the values of the list are:
  9 ->  7 ->  5 ->  3 ->  1
```

图 9-1-2

程序运行效果如图 9-1-2 所示。

3. 例题 3,尾插法创建单链表,非函数版。

```
#include < stdio.h >
#include < stdlib.h >
#define N 5
int main()
{
    //Node 类型定义
    typedef struct node
    {
        int data;
        struct node * next;
    }Node;

    //变量声明
    Node * phead, * tail, * p ;               //头指针,尾指针,辅助指针
    int i;
```

```
    //创建链表
    phead = NULL;                                    //很关键,千万别漏了这一步

    for(i = 0; i < N; i++)
    {
        //创建新结点
        p = (Node * )malloc(sizeof(Node));
        if(p == NULL) return 1;

        //给新结点数据域赋值
        printf("please enter an integer :");
        scanf(" % d", &p -> data);
        p -> next = NULL;                            //新的结点一定是尾结点,设尾结点标志

        //重要的挂链操作
        if(phead == NULL)                            //若链空
            phead = p;                               //头指针指向新结点
        else                                         //若链非空
            tail -> next = p;
        tail = p;                                    //无论哪种情形,均需重置尾结点指针指向新结点
    }

    //输出链表
    printf("the values of the list are:\n");
    p = phead;
    while( p != NULL)
    {
        if(p -> next == NULL)                        //最后一个结点后不需箭头
        {
            printf(" % 3d\n",p -> data);
        }
        else                                         //一般结点后箭头引出下一结点
        {
            printf(" % 3d ->",p -> data);
        }
        p = p -> next;
    }

    //释放链表的结点空间
    while(phead)
    {
        p = phead;
        phead = phead -> next;
        free(p);
    }
    return 0;
}
```

程序运行效果如图 9-1-3 所示。

```
please enter an integer :1
please enter an integer :3
please enter an integer :5
please enter an integer :7
please enter an integer :9
the values of the list are:
  1 ->  3 ->  5 ->  7 ->  9
```

图 9-1-3

【Q&A】

1. Q:强制类型转换 malloc 或者其他内存分配函数的返回值,有无必要?

A:强制类型转换这些函数返回的值类型,是经典 C 延留下来的习惯,源于经典 C 中,内存分配函数返回 char * 类型的值,用强制类型转换实现是必要的。而标准 C 却不是必需的,因为 void * 型指针会在复制操作时自动转换为任何指针类型。

2. Q:使用 malloc 分配空间时,参数为何要写成 sizeof(结构体类型) * n 的形式?

A:这是因为,多数编译器在进行内存分配时,会遵循内存对齐机制,可能会在结构中留有空洞,这会使得实际分配可能会超过程序设计实际需求,使用 sizeof 运算符来计算分配空间,将对齐等考虑因素留待编译器自动处理,程序更加规范。

3. Q:动态分配的内存会被自动释放吗?

A:程序中动态分配的内存不会被自动释放,必须由程序员手工方式利用 free 函数明确释放。若不显式释放,则会造成该动态内存无法访问到,而因为没有及时返还给操作系统,操作系统也不能将它再分配给其他需要的地方,这样就造成了内存浪费或者内存泄漏。如果这样的分配出现在函数中,而此函数又被频繁调用,那么泄漏的内存就会越来越多,最后可能导致操作系统没有可以分配的内存,造成动态申请内存失败,以至程序不能运行。一般地,所有泄漏的内存会在应用程序退出后,统一返还给操作系统。

4. Q:如何判定链表为空?

A:如果是不带有头结点的链表,链表头指针为 NULL 即可判定为空,即 if(phead==NULL)表达式为真时,链表为空。另一种常见表达为 if(! phead)与之等价。

5. Q:如何知道链表结束?

A:单向链表中,尾结点的指针域值为 NULL,则标志着链表结束。

【实验内容】

1. 设计程序,动态创建(堆式创建)一个包含 10 个结点的单链表,该链表结点由整型数据域和指针域构成,键盘输入整型数据,依次为 1,2,3,4,5,6,7,8,9,10。

(1) 采用头插法创建单链表,并输出各个结点数据域值。

(2) 采用尾插法创建单链表,并输出各个结点数据域值。

2. 已知 head 指向一个单链表,链表中每个结点包含数据域和指针域,设计函数求出链表所有结点中,由指针变量 s 指向数据域最大的结点的位置,请完成函数设计。

```
void LargestData(struct node * head, struct node ** s);
```

3. 简单起见,假定学生数据结构中只有学号和成绩两项。编写一个创建链表的函数,采用头插法创建一个具有 5 个学生结点的链表,存放学生数据。

4. 设计函数 Node * Search(Node * head, int n);,在链表中按学号查找该学生数据结点信息。

【课后练习】

1. 选择题。

(1) 有以下结构体类型定义及变量声明,且如图 9-1-4 所示,指针 p 指向变量 a,指针 q 指向变量 b,则不能把结点 b 连接到结点 a 之后的语句是________。

```
struct
{
char data;
struct node * next;
}a, b, *p = &a, *q = &b;
```

A. a.next = q;　　　　B. p.next = &b;
C. p->next = &b;　　　D. (*p).next = q;

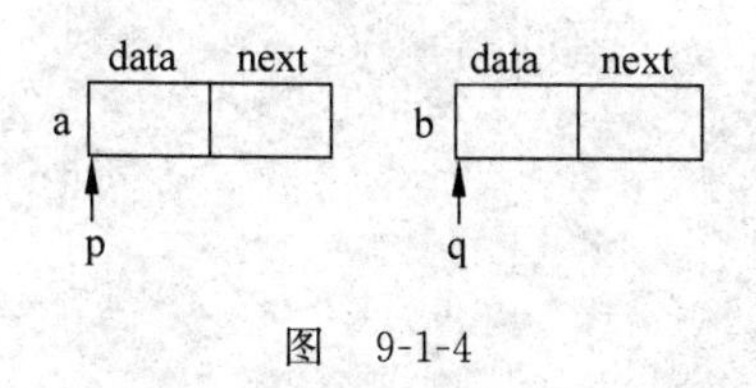

图 9-1-4

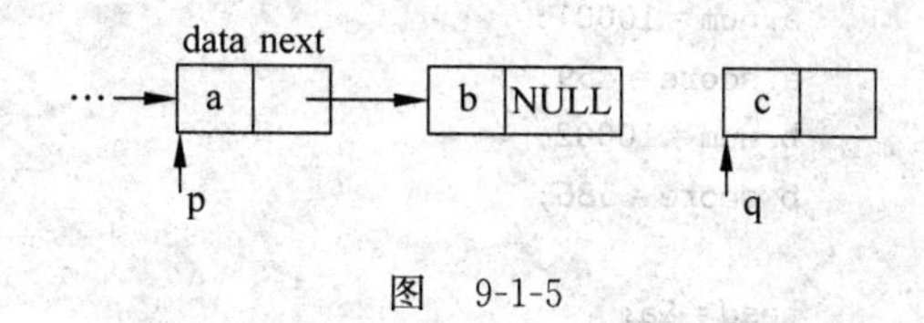

图 9-1-5

(2) 若已建立如图 9-1-5 所示的链表结构,指针 p、q 分别指向图中所示结点,则不能将 q 所指的结点插入到链表末尾的一组语句是:________。

A. q->next = NULL; p = p->next; p->next = q;

B. p = p->next; q->next = p->next; p->next = q;

C. p = p->next; q->next = p; p->next = q;

D. p = (*p).next; (*q).next = (*p).next; (*p).next = q;

2. 填空题。

(1) 链表有一个"头指针"变量,专门用来存放________。

(2) 常常用结构体变量作为链表中的结点,单链表中,每个结点都包括两部分:一个是________,用来存放________,一个是________,用来存放________。

(3) 单链表中,最后一个结点的指针域常常设置为________,表示链表到此结束。

(4) 为建立如图 9-1-6 所示的结点存储结构,请将以下定义补充完整。

```
struct node
{
    char data;                          //数据域
    ____________________;               //指针域
}v1;
```

data next

图 9-1-6

(5) 若要利用下面的程序片断使指针变量 p 指向一个存储整型数据的变量空间,则应填入什么内容?

```
int *p;
```

```
p = ____________malloc (sizeof(int));
```

3. 以下程序采用栈式创建(所谓的“静态创建”)一个有两个学生数据的链表,并输出各结点中的数据,请填空完成下列程序设计。

```
#define NULL 0
#include< stdio.h>

struct student
{
    int num;
    float score;
    struct student * link;
};

int main()
{
    struct student a,b, * head, * p;
    a.num = 10001;
    a.score = 459;
    b.num = 10002;
    b.score = 586;

    head = &a;
    a.link = ____________ ;
    b.link = ____________ ;

    p = head;
    while(p! = NULL)
    {
        printf(" %d, %5.1f\n", ________________ );
        p = ____________;
    }
    return 0;
}
```

4. 以下程序段的功能是统计链表中结点的个数,其中 first 为指向第一个结点的指针。请填空完成程序设计。

```
struct link
{
    char data;
    struct link * next;
};
    …
    struct link * first, * p;
    int c = 0;
    …
   p = first;
    while(______________ )
    {
```

```
        ____________________;
        p = ____________________;
    }
```

5. 已知 head 指向一个单链表,链表中的每个结点包含数据域和指针域,以下函数求出链表中所有结点数据域的和值,并返回和值,请填空完成程序设计。

```
#define NULL 0
#include < stdio.h >
struct link
{
    int data;
    struct link * next;
};
int main()
{
    struct link * head;
    ...
    printf(" % d\n",sum(head));
    ...
    return 0;
}
int sum(struct link * head)
{
    struct link * p;
    int s = 0;
    p = ____________ ;

    while(p)
    {
        s += ________ ;
        p = ________;
    }

    return ( ______ );
}
```

6. 针对实验 8-2 中课后练习 4,某航空公司的座位预订程序设计,要求改动如下。

(1) 创建一个不带头结点的单链表,每个结点要包括一个用于标识座位的编号、一个标识座位是否已分配出去的标记、座位预订人的姓、座位预订人的名,以及指向下个结点的指针域。

(2) 尝试输出链表中的结点信息。

实验 9-2 单 链 表

【知识点回顾】

单链表各种操作

1. 判断链表是否为空
2. 对结点计数
3. 查找结点
4. 定位结点
5. 寻找前驱结点
6. 寻找后继结点
7. 遍历
8. 插入结点
9. 删除结点

【典型例题】

1. 例题 1,头插法创建单链表,函数版 1,指针的地址传递参数版。

```
#include <stdio.h>
#include <stdlib.h>
#define N 5

//Node 类型定义
typedef struct node
{
    int data;
    struct node * next;
}Node;

int main()
{
    //函数声明
    int creatListFromHead(Node ** pfirst);
    void outputList(Node * phead);
    void freeList(Node ** pfirst);
```

```
    //变量声明
    Node * phead;                                    //头指针

    //若创建链表成功
    if(creatListFromHead(&phead)! = 0)
    {
        //输出链表
        outputList(phead);

        //释放资源
        freeList(&phead);
    }
    return 0;
}
//头插法创建链表
int creatListFromHead(Node ** pfirst)
{
    Node * p;
    int i;
    * pfirst = NULL;                                 //很关键,千万别漏了这一步
    for(i = 0; i < N; i++)
    {
        //创建新结点
        p = (Node * )malloc(sizeof(Node));
        if(p == NULL) return 0;

        //给新结点数据域赋值
        printf("please enter an integer :");
        scanf(" % d", &p -> data);

        //重要的挂链操作
        p -> next = * pfirst;
        * pfirst = p;
    }
    return 1;
}
//输出链表
void outputList(Node * phead)
{
    Node * p = phead;
    printf("the values of the list are:\n");
    while( p ! = NULL)
    {
        if(p -> next == NULL)                        //最后一个结点后不需要箭头
        {
            printf(" % 3d\n",p -> data);
            break;
        }
        else                                         //一般结点后箭头引出下一结点
        {
            printf(" % 3d ->",p -> data);
```

```
                p = p -> next;
            }
        }
}
//释放资源
void freeList(Node ** pfirst)
{
    Node * p;
    p =  * pfirst;
    while(p != NULL)                          //或者 while(p)亦可,二者等价
    {
        //从头到尾逐个释放结点空间
        * pfirst = ( * pfirst) -> next;
        free(p);
        p = * pfirst;
    }
}
```

```
please enter an integer :1
please enter an integer :3
please enter an integer :5
please enter an integer :7
please enter an integer :9
the values of the list are:
 9 ->  7 ->  5 ->  3 ->  1
```

图 9-2-1

程序运行效果如图 9-2-1 所示。

2. 例题 2,头插法创建不带头结点的链表,函数版 2,返回指针的函数。

```
#include < stdio.h >
#include < stdlib.h >
#define N 5

//Node 类型定义
typedef struct node
{
    int data;
    struct node * next;
}Node;

int main()
{
    //函数声明
    Node * creatListFromHead();
    void outputList(Node * phead);
    Node * freeList(Node * phead);

    //变量声明
    Node * phead;                             //头指针

    //若创建链表成功
    phead = creatListFromHead();
    if(phead!= NULL)
    {
        //输出链表
        outputList(phead);

        //释放资源
        phead = freeList(phead);
```

```
    }
    return 0;
}
//头插法创建链表
Node * creatListFromHead()
{
    Node * p, * head;
    int i;
    head = NULL;                                    //很关键,千万别漏了这一步
    for(i = 0; i < N; i++)
    {
        //创建新结点
        p = (Node * )malloc(sizeof(Node));
        if(p == NULL) return 0;

        //给新结点数据域赋值
        printf("please enter an integer :");
        scanf(" % d", &p -> data);

        //重要的挂链操作
        p -> next = head;
        head = p;
    }
    return head;
}
//输出链表
void outputList(Node * phead)
{
    Node * p = phead;
    printf("the values of the list are:\n");
    while( p ! = NULL)
    {
        if(p -> next == NULL)                       //最后一个结点后不需箭头
        {
            printf(" % 3d\n",p -> data);
            break;
        }
        else                                        //一般结点后箭头引出下一结点
        {
            printf(" % 3d ->",p -> data);
            p = p -> next;
        }
    }
}
//释放资源
Node * freeList(Node * phead)
{
    Node * p;
    int i;
    p = phead;                                      //p 接管第一个结点
```

```
    while( p != NULL)
    {
        //从头到尾逐个释放结点空间
        phead = phead->next;                    //phead 头指针接管第二结点起剩余链表部分
        free(p);                                //第一个结点释放资源
        p = phead;                              //p 获取 phead 链表中第一个结点
    }

    return phead;
}
```

【Q&A】

1. Q：链表的头指针为 NULL，这意味着什么？

A：不带有头结点的链表，头指针为 NULL，意味着链表还没有任何结点，是个空链表。

2. Q：若头插法创建链表时，忘记为头指针初始化为 NULL，会有什么后果？

A：根据头插法创建链表的特点，第一个创建的结点会是链表的尾结点。可是由代码 p－＞next＝head；可知第一个建立的结点，其指针域得到头指针 head 的值，并非 NULL，这样，会导致链表没有了尾结点标识。

【实验内容】

假设已有代码如下，供以下各题共享。

```
#include <stdio.h>
#include <stdlib.h>
struct node                                     //结点数据类型
{
    elemtype data;
    struct node * next;
};
int Length(struct node * head);
int IsEmpty(struct node * head);
int Locate (struct node * head, char x);
char Find(struct node * head, int i);
char Next(struct node * head, char x);
char Previous(struct node * head, char x);
void Traverse(struct node * head);
void CreateFromHead(struct node ** head);

main()
{
    struct node * head = NULL, * p;
    int no;
    char x;

    CreateFromHead(&head);
```

```
    printf("\nLength:\nthere are %d nodes in this linklist.\n", Length(head));

    printf("\nTraverse:\nthey are : ");
    Traverse(head);

    no = Locate(head, 'D');
    printf("\nLocate:\nD node is at position %d.\n", no);

    x = Find(head, 3);
    if(x) printf("\nFind:\nnode at position 3 is %c.\n", x);

    x = Next(head, x);
    if(x) printf("\nNext:\nthe next node is %c.\n", x);

    x = Previous(head, x);
    if(x) printf("\nPrevious:\nthe previous node is %c.\n", x);

    //释放资源
    while(head)
    {
        p = head;
        head = head ->next;
        free(p);
    }
}
```

1. 设计函数 int Length(struct node * head)

(1) 该函数功能：用于计算单链表的长度，即统计结点个数。

(2) 参数：链表的头指针。

(3) 返回值：链表长度(结点个数)。

2. 设计函数 int IsEmpty(struct node * head)

(1) 该函数功能：用于判断单链表是否为空。

(2) 参数：链表的头指针。

(3) 返回值：若为空，返回 1，否则返回 0。

3. 设计函数 int Locate (struct node * head, char x)

(1) 该函数功能：用于定位数据元素，即从头指针开始查找，依次访问每一个结点，查看结点数据域值是否等于给定的 x。

(2) 参数：head 为链表头指针，x 为结点数据域值。

(3) 返回值：如果找到，则返回该结点所在的位置(第几个结点)，若未找到则返回 0。

4. 设计函数 char Find(struct node * head, int i)

(1) 该函数功能：获取链表中第 i 个结点的数据域值。

(2) 参数：head 为链表头指针，i 为指定的结点位置。

(3) 返回值：若 i 没有越界，则返回第 i 个结点的数据域值，若 i 越界，返回'\0'。

5. 设计函数 void Traverse(struct node * head)

(1) 该函数功能：遍历链表,依次输出各结点的数据域值。

(2) 参数：head 为链表头指针。

(3) 返回值：无。

【课后练习】

1. 采用实验内容提供的代码,设计函数 char Next(struct node * head, char x)。

(1) 该函数功能：获取 x 的后继。

(2) 参数：head 为链表头指针,x 为结点数据域值。

(3) 返回值：0 或者后继结点数据域值。

(4) 步骤及思路提示。

① 先判断链表是否为空,若为空,则返回空元素'\0'。

② 从头至尾遍历链表,寻找 x 在链表中第一次出现的结点。

③ 如果 x 没有出现,返回'\0'。

④ 如果值为 x 的结点不是链表的尾结点,则返回 x 的后继。

⑤ 若值为 x 的结点为链表尾结点,则没有后继,返回'\0'。

2. 采用实验内容提供的代码,设计函数 char Previous(struct node * head, char x)。

(1) 该函数功能：获取 x 的前驱。

(2) 参数：head 为链表头指针,x 为结点数据域值。

(3) 返回值：'\0'或者前驱结点数据域值。

(4) 步骤及思路提示。

① 先判断链表是否为空,若为空,则返回空元素'\0'。

② 再判断 x 所在结点是否为链表第一个结点,若是,没有前驱,返回'\0'。

③ 找到 x 所在链表中第一次出现的结点,返回 x 的前驱；否则 x 没有出现,返回'\0'。

实验 9-3 单 链 表

【知识点回顾】

一般链表支持的操作

1. 判断是否链空
2. 输出链表
3. 查找某结点数据信息
4. 插入一个结点
5. 删除一个结点

【典型例题】

例题 1,不带有头结点的链表各项基本操作。

```
//linklist without head node
#include <stdio.h>
#include <stdlib.h>
#define NULLELEM '\0'
typedef char elemtype;
struct node                                           //结点数据类型
{
    elemtype data;
    struct node * next;
};

int Length(struct node * head);
int IsEmpty(struct node * head);
int Locate (struct node * head, elemtype x);
elemtype Find(struct node * head, int i);
elemtype Next(struct node * head, elemtype x);
elemtype Previous(struct node * head, elemtype x);
void Traverse(struct node * head);
void CreateFromHead(struct node ** head);
int Insert(struct node ** head, elemtype x, int i);
int Delete(struct node ** head, int i);

main()
{
```

```
    struct node * head = NULL, * p;
    int no;
    elemtype x;

    CreateFromHead(&head);

    printf("\nLength:\nthere are %d nodes in this linklist.\n", Length(head));

    printf("\nTraverse:\nthey are : ");
    Traverse(head);

    no = Locate(head, 'D');
    printf("\nLocate:\nD node is at position %d.\n", no);

    x = Find(head, 3);
    if(x) printf("\nFind:\nnode at position 3 is %c.\n", x);

    x = Next(head, x);
    if(x) printf("\nNext:\nthe next node is %c.\n", x);

    x = Previous(head, x);
    if(x) printf("\nPrevious:\nthe previous node is %c.\n", x);

    printf("\nInsert:\n");
    Insert(&head, 'D', 1);
    Traverse(head);

    printf("\nInsert:\n");
    Insert(&head, 'D', Length(head) + 1);
    Traverse(head);

    printf("\nDelete:\n");
    Delete(&head, 1);
    Traverse(head);

    printf("\nDelete:\n");
    Delete(&head, Length(head));
    Traverse(head);

    //释放资源
    while(head)
    {
        p = head;
        head = head -> next;
        free(p);
    }
}

int Length(struct node * head)
{
    //遍历
```

```
    struct node   * p = head;
    int n = 0;
    while(p)
    {
        n++;
        p  =  p -> next;
    }
    return(n);
}

int IsEmpty(struct node * head)
{
    if(head == NULL) return 1;
    return 0;
}

int Locate (struct node *  head, elemtype x)
{
    struct node   * p = head;
    int i, n = 0, size;
    size = Length(head);
    for(i = 0; i < size; i++)
    {
        n++;
        if(p -> data == x) break;
        p  =  p -> next;
    }

    if(i < size ) return (n);
    else return (0);
}

elemtype Find(struct node *  head, int i)
{
    struct node   * p = head;
    int n = 0;
    while(p)
    {
        n++;
        if (n == i )
            return (p -> data);
        p = p -> next ;
    }
    return NULLELEM;
}

elemtype Next(struct node *  head, elemtype x)
{
    struct node   * p = head;

    while(p)
```

```
    {
        if(p->data == x && p->next != NULL)
            return (p->next->data);
        p=p->next;
    }
    return NULLELEM;
}

elemtype Previous(struct node * head, elemtype x)
{
    struct node  *p=head, *q;
    if(IsEmpty(head)) return NULLELEM;
    q=p->next;
    while(q)
    {

        if(q->data == x)
            return (p->data);
        p=q;
        q=q->next;
    }
    return NULLELEM;
}

void Traverse(struct node * head)
{
    //遍历
    struct node  *p;
    p= head;
    while(p)
    {
        printf(" %2c ->", p->data);
        p = p->next;
    }
    printf("\b\b  \n");
}

void CreateFromHead(struct node ** head)
{
    struct node  *p;
    elemtype c;

    //采用相同的方式创建若干个结点
    while(1)
    {
        printf("input data:");
        c=getchar();
        getchar();
```

```
        if(c == '0') break;

        //申请结点空间
        p = (struct node * ) malloc (sizeof(struct node));

        //初始化结点数据域
        p -> data = c;
        p -> next = NULL;

        //挂链
        p -> next = * head;
        * head = p;
    }
}

int Insert(struct node ** head, elemtype x, int i)
{
    //将值为 x 的新结点插入不带头结点的单链表 head 的第 i 个结点的位置上
    struct node * p = * head, * s;
    int n = 0;

    if(i == 1)
    {
        //准备新结点
        s = (struct node * )malloc(sizeof(struct node));
        s -> data = x;                              //初始化数据域为 x

        //挂链:
        s -> next = * head;                 //新结点指向原来第 i 个结点(新链中第 i + 1 个结点)
        * head = s;                                 //第 i - 1 个结点指向新结点
        return 1;
    }
    else
    {
        //寻找第 i - 1 个结点
        while(p)
        {
            n++;
            if (n == i - 1 )                        //找到则结束循环
                break;
            p = p -> next ;
        }
        if (p == NULL)                              //i < 1 或 i > n + 1 时插入位置 i 有错
        {
            printf("position error\n");
            return 0;
        }
```

```
        //准备新结点
        s = (struct node * )malloc(sizeof(struct node));
        s -> data = x;                              //初始化数据域为 x

        //挂链:
        s -> next = p -> next;             //新结点指向原来第 i 个结点(新链中第 i + 1 个结点)
        p -> next = s;                              //第 i - 1 个结点指向新结点
        return 1;
    }
}

int Delete(struct node ** head, int i)
{
    //删除不带头结点的单链表 head 上的第 i 个结点
    struct node * p = * head, * s;
    int n = 0;

    if(i == 1)                                      //若删除第一个结点
    {
        * head = p -> next;                         //摘链
        free(p);
        return 1;
    }
    else
    {
        //寻找第 i - 1 个结点
        while(p) //出口 1
        {
            n++;
            if (n == i - 1 )                        //出口 2 找到则结束循环
                break;
            p = p -> next ;
        }

        //出口 1,则 i 有错,若出口 2,但 i - 1 结点存在,而结点 i 不存在,也错
        if (p == NULL || p -> next == NULL)
        {
            printf("position error\n");
            return 0;
        }

        //其余情况: p 指向结点 i - 1,结点 i 存在,
        s = p -> next;                              //使 s 指向将被删除的第 i 个结点
        p -> next = s -> next;                      //将其从链上摘下
        free(s);                                    //释放第 i 个结点的空间资源
        return 1;
    }
}
```

程序运行效果如图 9-3-1 所示。

```
input data:A
input data:B
input data:C
input data:D
input data:E
input data:0

Length:
there are 5 nodes in this linklist.

Traverse:
they are :  E -> D -> C -> B -> A

Locate:
D node is at position 2.

Find:
node at position 3 is C.

Next:
the next node is B.

Previous:
the previous node is C.

Insert:
 D -> E -> D -> C -> B -> A

Insert:
 D -> E -> D -> C -> B -> A -> D

Delete:
 E -> D -> C -> B -> A -> D

Delete:
 E -> D -> C -> B -> A
```

图 9-3-1

【Q&A】

1. Q：为何单链表要区分带有头结点的链表和不带有头结点的链表？

A：普遍地，带有头结点的链表增加一个结点空间，但各项操作要比不带头结点的链表编程难度下降，有效减少程序分支和复杂度。因此作为程序设计人员，应尽量使用带有头结点的链表进行程序设计。

但由于程序设计人员需要阅读理解他人的程序代码，也必须了解不带有头结点的链表在设计使用过程中的复杂度，从而真正意识到带有头结点的链表，其言简意赅的好处，然后遵循设计规范。

2. Q：删除一个结点，需要考虑哪几步骤？

A：第一步，定位待删除结点。若找不到，需处理。

第二步，待删除结点摘链，即改变前驱结点，让前驱结点绕过待删除结点，指向后继结点，保持链表状态。这一步骤中，带有头结点的链表中，无须区分待删除结点是否首个数据结点，操作方法相同，但对于不带有头结点的链表，需要区分待删除结点是首个数据结点还是其他数据结点，操作方法略有差别。

第三步，删除结点操作，释放所占空间。

3. Q：插入一个结点，需要考虑哪几步骤？

A：第一步，定位插入点(插入位置前一个结点)。

第二步，存储数据到结点中。

第三步，将结点插入到链表中。插入操作不能破坏连接关系。

【实验内容】

1. 已知单链表中每个结点包含字符型数据域 data 和指针域 next，请编写函数实现链表的逆置。

提示：令 p 指向第一个结点，此时，从 p 的角度看，形成一个不带有头结点的链表。

令头结点指针域置空，即断开头结点与第一个结点的链接关系，形成头指针与头结点构成的空链。

逐结点扫描 p 链表，每次摘取第一个结点，采用头插法插入构成的新链中。

2. 已知 head 指向一个带头结点的单向链表，链表中每个结点包含字符型数据域 data 和指针域 next。请编写函数实现在值为 a 的结点前插入值为 key 的结点，若值为 a 的结点不存在，则插在链表最后。

```
typedef char datatype;
typedef struct node
{
    datatype data;
    struct node * next;
} linklist;
```

3. 设计程序，使用带有头结点的单向链表，进行 5 个学生数据的管理。要求键盘输入学生的基本信息包括学号、平时成绩、期末成绩，然后按照总评成绩＝30％×平时成绩＋70％×期末成绩，计算学生的总评成绩，然后输出成绩总表。

4. 延续题 3，按照总评成绩降序排列链表结点，然后输出成绩总表。

【课后练习】

1. 选择题。

若有以下定义，变量 a 和 b 之间已经有如图 9-3-2 所示的链表结构，且指针 p 指向变量 a，q 指向变量 c，则能够把 c 插入 a 和 b 之间并形成链表的语句组是________。

```
struct link
{
    int data;
    struct link * next;
}a,b,c, * p, * q;
```


图 9-3-2

A. a.next = c; c.next = b;

B. p.next = q; q.next = p.next;

C. p->next = &c; q->next = p->next;

D. (* p). next = q; (* q). next = &b;

2. 填空：若有如下代码，且已建立如图 9-3-3 所示的链表结构，请写出删除结点 y 的语句________。

```
struct ss
{
    int info;
    struct ss * link;
}x, y, z;
```

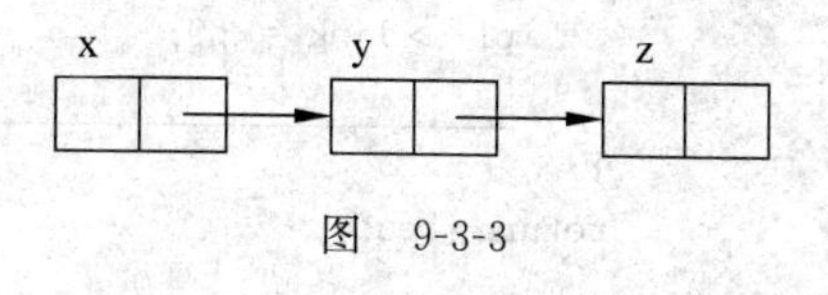

图 9-3-3

3. 已知 head 指向不带头结点的单向链表的第一个结点，以下函数完成的功能是：向降序单向链表中插入一个结点，使得插入后链表仍保持降序，请填空完成程序设计。

```
#include <stdio.h>
struct node
{
    int info;
    struct node * link;
};

struct node * insert (struct node * head, struct node * stud)
{
    struct node * p0, * p1, * p2;
    p1 = head;
    p0 = stud;
    if(head == NULL)
    {
        head = p0;
        p0 -> link = NULL;
    }
    else
    {
        while((p0 -> info  <  p1 -> info) && (p1 -> link! = NULL))
        {
            p2 = p1;
            p1 = p1 -> link;
        }
    }

    if(p0 -> info >= p1 -> info)
    {
        if(head == p1 )
        {
            ____________________________;
            head = p0;;
        }
        else
        {
            ________________________________ ;
            p2 -> link = p0;
```

```
        }
    }
    else
    {
        p1 -> link = p0;
        ______________________ ;
    }
    return (head);
}
```

4. 已知 head 指向单链表的第一个结点,以下函数 del 完成从单向链表中删除值为 num 的第一个结点,填空完成程序设计。

```
#include < stdio.h >
struct node
{
    int info;
    struct node * link;
};

struct node * del(struct node * head, int num)
{

    struct node * p1, * p2;

    if(head == NULL)
    {
        printf("list is emptyl!\n");
    }
    else
    {
        p1 = head;
        while(______________________)
        {
            p2 = p1;
            p1 = p1 -> link;
        }
        if(num == p1 -> info)
        {
            if(p1 == head)
            ______________________
            else
            ______________________
            free(p1);
            printf("delete: %d\n", num);
        }
        else
            printf("node %d not been found!\n", num);
    }
    return (head);
}
```

5. 已知 head 指向单链表,链表中每个结点包含整型数据域 data 和指针域 next。链表中各结点按数据域递增有序链接,以下函数删除链表中数据域值相同的结点,使之只保留一个(去偶)。请填空完成程序设计。

```
typedef int datatype;
typedef struct node
{
    datatype info;
    struct node * next;
}linklist;

void Purge(linklist ** head)
{
    linklist * p, *q;
    q= *head;
    if(q == NULL || q->next == NULL)
        return;
    p= q->next ;
    while (p != NULL)
    {
        if(p->data == q->data)
        {
            ____________________
            free(p);
            p=q->next;
        }
        else
        {
            q= p;
            ____________________
        }
    }
}
```

实验9-4　其他链表

【知识点回顾】

1. 带有头结点的循环单链表

(1) 尾结点指针域值不再设定为 NULL，而是指向头结点，形成环形。

(2) 空的单项循环链表判断条件是：head－＞next＝＝head。

2. 双向链表

(1) 每个结点拥有两个指针域，一个指向前驱结点，一个指向后继结点。

(2) 双向链表也支持头结点，以及循环链表。

【典型例题】

1. 例题1，头插法创建带有头结点的链表，函数版。

```
#include <stdio.h>
#include <stdlib.h>
#define N 5

//Node 类型定义
typedef struct node
{
    int data;
    struct node * next;
}Node;

int main()
{
    //函数声明
    void creatListFromHead(Node * pfirst);
    void outputList(Node * phead);
    void freeList(Node * pfirst);

    //变量声明
    Node * phead;                                   //头指针

    //创建空链表
    phead = (Node * )malloc(sizeof(Node));
    phead->next = NULL;
```

```
    //头插法创建链表
    creatListFromHead(phead);

    //输出链表
    outputList(phead);

    //释放资源
    freeList(phead);

    return 0;
}
//头插法创建链表
void creatListFromHead(Node * pfirst)
{
    Node * p;
    int i;

    for(i = 0; i < N; i++)
    {
        //创建新结点
        p = (Node * )malloc(sizeof(Node));

        //给新结点数据域赋值
        printf("please enter an integer :");
        scanf(" % d", &p -> data);

        //重要的挂链操作
        p -> next = pfirst -> next;
        pfirst -> next = p;
    }
}

//输出链表
void outputList(Node * phead)
{
    Node * p = phead -> next;                   //区别点
    printf("the values of the list are:\n");
    while( p ! = NULL)
    {
        if(p -> next == NULL)                   //最后一个结点后不需箭头
        {
            printf(" % 3d\n", p -> data);
            break;
        }
        else                                    //一般结点后箭头引出下一结点
        {
            printf(" % 3d ->", p -> data);
            p = p -> next;
        }
    }
```

```
}
//释放资源
void freeList(Node * pfirst)
{
    Node * p = pfirst;                              //区别点

    while( p != NULL)
    {
        //从头到尾逐个释放结点空间,包括头结点
        pfirst = pfirst->next;
        free(p);
        p=pfirst;
    }
}
```

2. 例题2,尾插法创建带有头结点的链表,函数版。

```
#include <stdio.h>
#include <stdlib.h>
#define N 5

//Node 类型定义
typedef struct node
{
    int data;
    struct node * next;
}Node;

int main()
{
    //函数声明
    void creatListFromTail(Node * pfirst);
    void outputList(Node * phead);
    void freeList(Node * pfirst);

    //变量声明
    Node * phead;                                   //头指针

    //创建空链表
    phead = (Node *)malloc(sizeof(Node));
    phead->next = NULL;

    //头插法创建链表
    creatListFromTail(phead);

    //输出链表
    outputList(phead);

    //释放资源
    freeList(phead);
```

```
    return 0;
}
//头插法创建链表
void creatListFromTail(Node * pfirst)
{
    Node *p, *tail;                                //增加一尾结点标记
    int i;
    tail = pfirst;

    for(i=0; i<N; i++)
    {
        //创建新结点
        p = (Node *)malloc(sizeof(Node));

        //给新结点数据域赋值
        printf("please enter an integer :");
        scanf("%d", &p->data);

        p->next = NULL;                            //新结点一定是尾结点,置标记

        //重要的挂链操作,无须区分链表是否为空,操作简单
        tail->next = p;
        tail = p;
    }
}

//输出链表
void outputList(Node * phead)
{
    Node * p = phead->next;                        //区别点
    printf("the values of the list are:\n");
    while( p != NULL)
    {
        if(p->next == NULL)                        //最后一个结点后不需箭头
        {
            printf("%3d\n",p->data);
            break;
        }
        else                                       //一般结点后箭头引出下一结点
        {
            printf("%3d ->",p->data);
            p = p->next;
        }
    }
}
//释放资源
void freeList(Node *pfirst)
{
    Node * p = pfirst;

    while( p != NULL)
```

```
    {
        //从头到尾逐个释放结点空间,包括头结点
        pfirst = pfirst->next;
        free(p);
        p = pfirst;
    }
}
```

程序运行效果如图 9-4-1 所示。

```
please enter an integer :1
please enter an integer :3
please enter an integer :5
please enter an integer :7
please enter an integer :9
the values of the list are:
 1 -> 3 -> 5 -> 7 -> 9
```

图 9-4-1

3. 例题 3,带头结点的单链表删除结点操作。

```
int Delete1(struct node * head, int i)
{
    //删除带头结点的单链表 head 上的第 i 个结点
    struct node *p = head , *s;
    int n = 0;

    if(i! = 1)
    {    //寻找第 i-1 个结点
        while(p->next)                        //出口 1
        {
            n++;
            if (n == i )                      //找到则结束循环,出口 2
                break;
            p = p->next ;
        }
        //若出口 1 结束,则 i 错,结束时 p->next == NULL
        //若结点 i-1 存在,但若结点 i 不存在,也错,结束时条件仍为 p->next == NULL
        //因此若出口 2 结束,则 p 指向结点 i-1,结点 i 也存在
        if (p->next == NULL)                  //i<1 或 i>n+1 时插入位置 i 有错
        {
            printf("position error\n");
            return 0;
        }
    }
    s = p->next;                              //使 s 指向将被删除的第 i 个结点
    p->next = s->next;                        //将其从链上摘下
    free(s);                                  //释放第 i 个结点的空间资源
    return 1;
}
```

4. 例题 4,带头结点的循环单链表删除结点操作。

```
int Delete2(struct node * head, int i)
{
    //删除带头结点的循环链表 head 上的第 i 个结点
    struct node *p = head , *s;
    int n = 0;

    if(i! = 1)
    {    //寻找第 i-1 个结点
```

```
        while(p->next! = head)                  //出口 1,注意判断条件与单链表不同
        {
            n++;
            if (n == i )                        //找到则结束循环,出口 2
                break;
            p = p->next ;
        }

        if (p->next == head)         //i<1 或 i>n+1 时插入位置 i 有错,条件与单链表不同
        {
            printf("position error\n");
            return 0;
        }
    }
    s = p->next;                                //使 s 指向将被删除的第 i 个结点
    p->next = s->next;                          //将其从链上摘下
    free(s);                                    //释放第 i 个结点的空间资源
    return 1;
}
```

5. 例题 5,带头结点的双向链表删除结点操作,注意该结点结构与上两题不同,应增加一个指针域,即双向链表结点结构类型应如下:

```
struct node
{
    struct node * prior;
    elemtype data;
    struct node * next;
};
int Delete3(struct node * head, int i)
{
    //删除带头结点的双向链表 head 上的第 i 个结点
    struct node *p = head , *s;
    int n = 0;

    if(i! = 1)
    {    //寻找第 i-1 个结点
        while(p->next)                          //出口 1
        {
            n++;
            if (n == i )                        //找到则结束循环,出口 2
                break;
            p = p->next ;
        }

        if (p == NULL || p->next == NULL)       //i<1 或 i>n+1 时插入位置 i 有错
        {
            printf("position error\n");
            return 0;
        }
    }
    s = p->next;                                //使 s 指向将被删除的第 i 个结点
    p->next = s->next;                          //将其从链上摘下
```

```
        s->next->prior=p;
        free(s);                                    //释放第 i 个结点的空间资源
        return 1;
    }
```


【Q&A】

1. Q：带不带头结点的空链表，如何区分？

A：不带有头结点的链表，头指针为 NULL，即若有头指针用 head 表示，则 head 为 NULL；带有头结点的链表，头指针非空，头结点的指针域为空，即若结点的指针域变量名为 next，则 head－＞next 为 NULL。

2. Q：循环单链表也区分带不带头结点吗？

A：是的，循环单链表也区分为这两种，如果带有头结点，在插入结点和删除结点时，操作都要更为简捷些。

3. Q：循环单链表如何判断一轮遍历或者查找完毕？

A：循环单链表的链尾指向头结点，即 p－＞next＝＝head 时，所有结点查找完毕。

4. Q：双向循环链表插入一个结点中有哪几步骤？

A：第一步，为结点分配内存单元。

第二步，存储数据到结点中。

第三步，从左到右将结点插入到链表中。插入操作不能破坏连接关系。

第四步，从右到左将结点插入到反向链表中。插入操作不能破坏连接关系。

5. Q：双向链表中，删除一个结点，需要考虑哪几步骤？

A：第一步，定位待删除结点。若找不到，需处理。

第二步，待删除结点正向摘链，即改变前驱结点，让前驱结点绕过待删除结点，指向后继结点，保持链表状态。这一步骤中，带有头结点的链表中，无须区分待删除结点是否首个数据结点，操作方法相同，但对于不带有头结点的链表，需要区分待删除结点是首个数据结点还是其他数据结点，操作方法略有差别。

第三步，待删除结点反向摘链。与上述过程相似而反向的操作。保持反向链表不被破坏。

第四步，删除结点操作，释放所占空间。

【实验内容】

1. 请设计函数，采用头插法创建带有头结点的循环单链表，测试并输出。
2. 请设计函数，采用头插法创建带有头结点的双向链表，测试并输出。

【课后练习】

1. 已知 head 指向一个带有头结点的单向链表，链表中每个结点包含一个整型数据域 data 和指针域 next，以下过程求出链表中所有链结点数据域的和值，请填空完成程序设计。

```
#define NULL 0
#include <stdio.h>
struct link
{
    int data;
    struct link * next;
};
int main()
{
    struct link * head;
    ...
    printf("%d\n",sum(head));
    ...
    return 0;
}
int sum(struct link * head)
{
    struct link * p;
    int s = 0;
    p = ____________;

    while(p)
    {
        s += ________;
        p = __________;
    }

    return (______);
}
```

2. 以下程序实现带有头结点的单链表的建立,链表中每个结点包含字符型数据域 data 和指针域 next。所建立的头指针由参数 phd 传回调用程序。本函数使用____________创建链表。请填空完成程序设计。

```
#include <stdio.h>
#include <stdlib.h>
typedef char datatype;
typedef struct node
{
    datatype info;
    struct node * next;
}linklist;

void CreateList(________________________________)
{
    char ch;
    linklist * s, * r;
    * phd = ( linklist * )malloc (sizeof(linklist));
    r = * phd;
    ch = getchar();
```

```
    while (ch != '$')
        {
            s =( linklist* )malloc (sizeof(linklist));
            s->data = ch;
            r->next = s;
            r=s;
            ch = getchar();
        }
        r->next = ________________________;
}
main()
{
    Linklist * head;
    head = NULL;
    CreateList(______________________);
    …
}
```

3. 以下函数实现尾插法建立由几个结点组成的环形链表(带头结点),表中每个结点包含整型数据域 num 和指针域 link,第 i 个结点的数据域值为 i。函数返回环形链表的头指针 head。请填空完成函数设计。

```
typedef int datatype;
typedef struct node
{
    datatype data;
    struct node * next;
}linklist;

__________Initial(int m)
{
    int i;
    linklist *head, *p, *s;
    head=(linklist * )malloc(sizeof(linklist));
    p=head;

    for (i=1; i<=m; i++)
    {
        s=(linklist * )malloc(sizeof(linklist));
        s->data = ______;
        p->next = ______;
        p = s;
    }
    p->next = ________________________;
    return head;
}
```

4. 以下 min 函数的功能是:计算循环单链表 first 中每三个相邻结点数据域中的和,并返回其中最小值。请填空完成函数设计。

```
typedef int datatype;
```

```
typedef struct node
{
    datatype data;
    struct node * next;
}linklist;

int  min(linklist * first)
{
    linklist * p;
    int sum, msum;
    p = first;
    msum = p->data + p->next->data + p->next->next->data;

    for (p = p->next; ____________; ______________)
    {
        sum = ______________________________ ;
        if(______________________________)
            msum = sum;
    }
    return msum;
}
```

5. 以下函数采用尾插法实现双向链表的建立。链表中每个结点包含数据域 info,后继指针域 next,前驱指针域 pre。链表的头、尾指针分别放在数组 a 的两个元素中,链表结点中的数据通过键盘输入,当输入数据为-1时,表示输入结束。请填空完成程序设计。

```
typedef int datatype;
typedef struct node
{
    struct node * pre;
    datatype info;
    struct node * next;
}linklist;

void Create(linklist * ptr[2])
{
    linklist * head, * tail,  * p;
    int data;
    //创建头结点
    head = (linklist *)malloc(sizeof(linklist));
    head->pre = head->next = NULL;

    tail = head;
    scanf("%d", &data);
    while(______________________________)
    {
        p = (linklist *)malloc(sizeof(linklist));
        p->info = data;
        p->next = ______________________________;
        p->pre = ______________________________;
```

```
        //下一句无必要：由于尾插法，因此新结点后无后继结点，故无须修改其前驱指针
        //tail->next->pre = p;
        tail->next = ________;

        tail = __________;
        scanf("%d", &data);
    }
    ptr[0] = head;
    ptr[1] = tail;
}
```

6. 以下函数实现从带有头结点的双向链表中删除值为 num 的一个结点，链表中每个结点包含整型数据域 info、后继指针域 next 和前驱指针域 pre。链表的头、尾指针分别放在数组 a 的两个元素中。请填空完成程序设计。

```
typedef int datatype;
typedef struct node
{
    struct node * pre;
    datatype info;
    struct node * next;
}linklist;

int Del(linklist * ptr[2], int num)
{
    linklist * head = ptr[0], * tail = ptr[1],   * p;
    if(head->next == NULL)
    {
        printf("list is null!\n");
        return 0;
    }
    else
    {
        p = head->next;
        while(p != NULL && p->info  != num)
            p = p->next;

        if(p->info == num)
        {
            if(p == tail)
            {
                tail = ____________;
                tail->next = ____________;
            }
            else
            {
                ________________________ = p->pre;
                ________________________ = p->next;
            }
            free(p);
        }
```

```
        else
        {
            printf("node %d is not exist!\n", num);
            return 0;
        }
    }
    ptr[0] = head;
    ptr[1] = tail;
    return 1;
}
```

实验10 文 件

【知识点回顾】

1. 文件类型指针

(1) C语言中利用文件类型指针来访问文件。

(2) 文件结构类型在系统库文件 stdio.h 中定义,取名为 FILE。

(3) FILE类型:FILE是系统定义好的一个结构体类型名,该结构体类型的变量可以存放文件的有关信息,如文件名、文件状态、文件当前位置等。

(4) 文件指针的定义:FILE * 文件指针变量名。

2. 文件操作三环节

(1) 打开文件。用法:FILE* fopen("文件名","访问方式");。

(2) 访问文件。

(3) 关闭文件。用法:fclose(文件指针);。

3. 文件的存储类型

(1) 文本文件:在磁盘中存放时每个字符对应一个字节,存放对应的 ASCII 码。

(2) 二进制文件:按二进制编码方式存放文件。

4. 文件打开方式

(1) 文件使用方式由6个字符组合而成,其各自含义如下:

r(read):读

w(write):写

a(append):追加

t(text):文本文件(可省略)

b(binary):二进制文件

+:读和写

(2) 文件打开方式的作用及影响,如表10-1所示。

表 10-1

打开方式	处理方式	指定文件不存在时	指定文件已存在时	写出到文件	将文件读入内存
r	读取	出错	正常打开	不可以	可以
w	写	建立新文件	文件原有内容丢失	可以	不可以
a	追加写	建立新文件	在文件原有内容后追加	可以	不可以
rw	读/写	出错	正常打开	可以	可以

5. 包含文件操作的C程序一般框架

```
main()
{
    FILE * fp;                                          //文件指针变量声明

    if ((fp = fopen("test.txt","w")) == NULL)           //打开文件
    {
        printf("can not open this file\n");             //打开失败出错提示
        exit(0);
    }

    …                                                   //访问文件

    fclose(fp);                                         //关闭文件
}
```

6. 访问文件的常用函数

1) int fputc(字符数据,文件指针);

功能：将字符数据输出到指定文件中去,同时将读写位置指针向前移动一个字节(即指向下一个写入位置)。如果输出成功,则函数返回值就是输出的字符数据；否则,返回一个符号常量 EOF(其值在头文件 stdio.h 中,被定义为－1)。

2) int fgetc(文件指针);

功能：从指定文件中读入一个字符,同时将读写位置指针向前移动一个字节(即指向下一个字符)。该函数无出错返回值。

3) int fputs(字符串,文件指针);

功能：向指定文件输出一个字符串,同时将读写位置指针向前移动 strlength(字符串长度)个字节。如果输出成功,则函数返回值为 0；否则,为非 0 值。

4) char * fgets(字符数组/指针,串长度+1,文件指针);

功能：从指定文件中读入一个字符串,存入"字符数组/指针"中,并在尾端自动加一个结束标志'\0'；同时,将读写位置指针向前移动 strlength(字符串长度)个字节。

5) int fread(void * buffer,int size,int count,FILE * fp);

功能：从 fp 所指向文件的当前位置开始,一次读入 size 个字节,重复 count 次,并将读入的数据存放到从 buffer 开始的内存中；同时,将读写位置指针向前移动 size * count 个字节。

6) int fwrite(void * buffer,int size,int count,FILE * fp);

功能：从 buffer 开始,一次输出 size 个字节,重复 count 次,并将输出的数据存放到 fp 所指向的文件中；同时,将读写位置指针向前移动 size×count 个字节。

7) int fscanf(文件指针,"格式符",输入变量首地址表);

功能：从指定文件中按照格式符的要求读入若干数据到变量中。

8) int fprintf(文件指针,"格式符",输出变量列表);

功能：按照格式符的要求输出若干数据到指定文件中。

【典型例题】

1. 例题 1,从键盘输入一行字符,保存到文件,再把文件内容输出到屏幕上。

```
#include< stdio.h>

int main()
{
    //变量声明,文件指针和字符辅助变量
    FILE * fp;
    char ch;

    //写方式打开文件
    if((fp = fopen("file.c","w")) == NULL)
    {
        printf("Cannot open file!");
        exit (1) ;
    }
    //把键盘输入的一行字符逐字符写到文件中
    printf("please enter a string here: ");
    while((ch = getchar())! = '\n')
    {
        fputc(ch, fp);
    }
    fputc(ch,fp);                              //把最后的回车符也写到文件中
    fclose(fp);                                //文件关闭

    //读方式重新打开文件
    if((fp = fopen("file.c","r")) == NULL)
    {
        printf("Cannot open file!");
        exit (1) ;
    }
    //逐字符读取文件内容并输出到屏幕
    while((ch = fgetc(fp))! = '\n')
    {
        putchar(ch);
    }

    fclose(fp);                                //关闭文件
    return 0;
}
```

程序运行效果如图 10-1 所示。

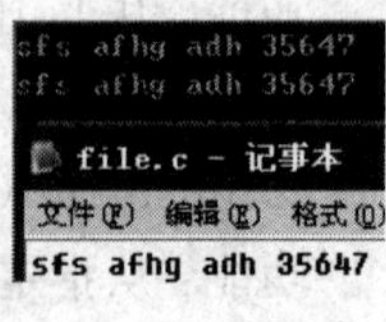

图 10-1

2. 例题 2,建立一个能存储 N 个学生信息的二进制文件,文件名为 StuScore.dat 文件,保存在 c:\下。学生信息包括学号、姓名、成绩,然后再将文件内容输出到屏幕上。

```
#include< stdio.h>
#include< string.h>
#include < stdlib.h>
#define N 3

struct student
{
    char num[10];
    char name[7];
    float Score;
};

main()
{
    void creatScore(struct student stu[N]);
    void outputScore(struct student stu[N]);
    struct student stu[N];

    creatScore(stu);

    outputScore(stu);
}

/* 读取(c:\StuScore.dat)文件中学生信息,在屏幕上输出 */
void outputScore(struct student stu[N])
{
    int i;
    FILE *fp1;
    //读方式打开二进制文件
    if((fp1 = fopen("c:\\StuScore.dat","rb")) == NULL)
    {
        printf("can not open this file\n");
        exit(0);
    }
    printf("%10s%10s%10s\n","学号","姓名","成绩");
    for (i = 0;i < N;i++)
    {
        //读文件
        if(fread(&stu[i],sizeof(struct student),1,fp1)! = 1)
        {
            printf("file read error\n");
            exit(0);
        }
        //输出学生信息到屏幕
        printf("%10s%10s%10.1f\n",stu[i].num, stu[i].name, stu[i].Score);
    }
    fclose(fp1);                                    //关闭文件
}
/* 建立一个能存储 N 个学生信息的文件,文件名为 StuScore.dat 文件,保存在 c:\下。学生信息包
括学号、姓名、成绩 */
void creatScore(struct student stu[N])
```

```
{
    int i;
    FILE *fp1;

    if((fp1 = fopen("c:\\StuScore.dat","wb")) == NULL)
    {
        printf("can not open this file\n");
        exit(0);
    }

    for (i = 0;i < N;i++)
    {
        printf("请输入学号: ");
        gets(stu[i].num);
        printf("请输入姓名: ");
        gets(stu[i].name);
        printf("请输入课程的成绩: ");
        scanf("%f",&stu[i].Score);
        getchar();
        if(fwrite(&stu[i],sizeof(struct student),1,fp1)!= 1)
        {
            printf("file write error\n");
            exit(0);
        }
    }
    fclose(fp1);
}
```

```
请输入学号: 10001
请输入姓名: 张三
请输入课程的成绩: 75.5
请输入学号: 10003
请输入姓名: 李四
请输入课程的成绩: 83
请输入学号: 10004
请输入姓名: 王五
请输入课程的成绩: 58.5
    学号        姓名        成绩
   10001        张三        75.5
   10003        李四        83.0
   10004        王五        58.5
```

图 10-2

程序运行效果如图10-2所示。

【Q&A】

1. Q：FILE结构体中包含什么信息？

A：在stdio.h文件中可以查看到FILE结构体类型定义，在文件结构体中包含处理文件所需的各种信息，主要有文件当前读写位置信息、文件当前位置到文件尾之间的数据个数信息、用于该文件读写的内存缓冲区位置信息、出错标志，以及该文件是已打开文件中的第几个文件。

2. Q：有些书籍中在fopen函数的文件打开模式中使用字符't'，是什么意思？

A：C标准允许额外的字符出现在文件打开模式字符串中，但是要跟在r、w、a、+的后面。DOS编译器经常允许使用t来说明打开的文件是文本文件方式而不是二进制方式。实际上，无论如何文本文件方式是默认的，所以字符't'不增加任何内容。在可能的情况下，最好避免使用字符't'和其他不可移植的特性。

3. Q：当程序终止时，所有打开的文件不都是会自动关闭的吗？为什么一定要使用fclose函数关闭文件？

A：通常情况下，程序终止时，所有打开的文件会自动关闭。但如果调用abort函数终止程序就不会了。即使不用 abort 函数，调用 fclose 函数关闭文件的好处是：第一，会减少打开文件的数量。操作系统对程序每次打开的文件数量有所限制，而大规模的程序可能会与此限制冲突（定义在<stdio.h>中的宏 FOPEN_MAX 指定了可以同时打开的文件最大数量）。第二，程序易于阅读和修改。通过寻找 fclose 函数，很容易确定不再使用此文件的位置。第三，这么做更加安全。关闭文件可以确保正确更新文件的内容和目录。如果程序崩溃了，文件不会受到影响。

4. Q：有些书籍中获取用户输入的字符使用了 getch 函数或 getche 函数，它们和 getchar 函数有何区别？

A：第一，getchar 是<stdio.h>中的函数，getch 和 getche 函数并非 stdio.h 中的内容。这些允许程序捕捉单个按键的函数通常是由 DOS 编译器在非标准<conio.h>（控制台的输入输出）中提供的，因此调用它们的程序可能无法移植到 UNIX 或其他操作系统。

第二，getchar 是带缓冲的字符输入函数，即标准输入缓冲区空的时候，程序会停下来等待用户输入，如果缓冲区非空，则直接从缓冲区提取字符（程序不再停下来等待用户键盘输入），用户连续输入，直到按下回车键才开始读取，并且只读取一个字符返回；而 getch 和 getche 函数不带缓冲，即程序总是停下来等待用户输入，用户输入一个字符后马上读取并返回。这使得 getch 和 getche 更加适合交互式程序设计，能够即刻响应用户输入。

第三，getchar 函数带有回显，即用户键盘键入的字符，马上在屏幕上显示出来，用户看得见自己输入的字符信息；getch 函数不带有回显，在某些情况比较适用（如读取密码信息时），getche 函数带有回显。

5. Q：fgets 与 gets 有什么区别？

A：gets 把读到的回车符换成'\0'字符；fgets 把回车符当作普通字符存储，并在末尾追加'\0'字符。

6. Q：fputs 与 puts 有什么区别？

A：puts 把 C 字符串的'\0'字符变换为换行符并输出；fputs 把 C 字符串末尾的'\0'字符自动合并写入到文件中去。

7. Q：C 中有无屏幕控制，即移动光标、更改字符颜色等功能？可以绘制图形吗？

A：标准 C 没有提供用于屏幕控制的函数，也没有图形的标准函数。标准 C 只发布广泛计算机和操作系统可以合理标准化的问题，屏幕控制和图形绘制都超出了这个范畴。如果在 DOS 系统中工作，屏幕控制可以调用<conio.h>中的函数，大多数 DOS 编译器都提供该库，而 UNIX 系统程序员使用 curses 库。至于图形绘制，可以选择编译器自带图形库，也可以获取第三方图形库，再或者自己编写自己的图形库。

【实验内容】

1. 编写程序：从键盘输入一个字符串，将其中的小写字母全部转换成为大写字母，然后输出到一个文本文件 test.txt 中保存。

2. 编写程序：从文件 number.txt 中读取数据，统计正数、负数、0 的个数输出到屏幕。假设 number.txt 文本内容如图 10-3 所示。

3. 创建一个二进制文件用于保存学生记录（结构体类型数据）信息。信息包括姓名、学号、课程成绩、实验成绩。

4. 从实验3创建的学生信息文件中读取学生记录数据完成下列数据统计。

(1) 按课程成绩的60%,实验成绩40%计算总分并输出。

(2) 按总分降序排序并输出前20%的学生记录信息。

(3) 查找课程成绩或实验成绩有一门不及格的学生信息并输出。

number.txt - 记事本

文件(F) 编辑(E) 格式(O) 查看(V) 帮助(H)

3 0 -1 -5 7 12 0 8 -2

图 10-3

【课后练习】

1. 选择题。

(1) 当已经存在一个 file1. txt 文件,执行 fopen("file1. txt", "r+")的功能是________。

A. 打开 file1. txt 文件,清除原有的内容

B. 打开 file1. txt 文件,只能写入新的内容

C. 打开 file1. txt 文件,只能读取原有的内容

D. 打开 file1. txt 文件,可以写入新的内容

(2) fread(buf,64,2,fp);的功能是________。

A. 从 fp 所指向的文件中,读出整数 64,存放在 buf 中

B. 从 fp 所指向的文件中,读出整数 64 和 2,存放在 buf 中

C. 从 fp 所指向的文件中,读出 2 块长度为 64 字节的字符,存放在 buf 中

D. 从 fp 所指向的文件中,读出 64 块长度为 2 字节的字符,存放在 buf 中

(3) 以读文本文件方式打开文件的方式为________。

A. rb　　B. r　　C. rb+　　D. w

(4) 以下程序的功能是________。

```
#include < stdio.h>
int main()
{
    FILE *fp;
    char str[] = "London 2012";

    if((fp = fopen("file2.txt","w")) == NULL)
    {
        printf("can not open this file\n");
        exit(0);
    }
    fputs(str,fp);
    fclose(fp);
    return 0;
}
```

A. 在屏幕上显示"London 2012"

B. 把"London 2012"存入 file2.txt 文件中

C. 在打印机上打印输出"London 2012"

D. 以上都不对

2. 填空题。

(1) 文件是指________________________________。

(2) 根据数据的组织形式,C 语言中将文件分为________和________两种类型。

(3) 现要求以读写方式,打开一个文本文件 stu1.txt,写出带有安全访问机制的打开文件语句,若该文件不存在,则新建此文件:

```
________________________________________________//文件结构类型指针变量声明
________________________________________________/*打开文件失败*/
{
    ____________________________________________;
    ____________________________________________;
}
```

(4) 现要求关闭题(3)中打开的文件,写出语句________。

3. 以下程序是建立一个名为 myfile 的文件,并把从键盘输入的字符存入该文件,当在键盘上输入结束时关闭该文件,请填空完成程序设计。

```
#include<stdio.h>
int main()
{
    ____________________________________________;
    char c, fname[15];
    printf("please input file name: ");                //提示键盘输入
    gets(________________________);                    //输入文件名

    if ((fp = fopen(fname, "________")) == NULL)
       {
       printf("can not open this file\n");
       exit(0);
    }

    printf("please input a string: ");
    c = getchar();
    while(c! = '\n')
    {
       ____________________________________________;
       c = getchar();
    }

    ____________________________________________;
    return 0;
}
```

4. 编写程序,将一个名为 old 的二进制文件拷贝到一个名为 new 的新二进制文件中。

实验 11* 预处理

【知识点回顾】

1. 编译预处理

(1) 是C语言特有功能,它是在源程序正式编译前由预处理程序完成的。

(2) 当对一个源文件进行编译时,如果源程序中有预处理指令,系统将自动引用预处理程序对源程序中的预处理部分进行处理,然后再对源程序进行编译,如果程序中没有预处理指令,则直接进行编译。

(3) 程序员在程序中合理地使用预处理指令便于程序的修改、阅读、移植和调试,也便于实现模块化程序设计。

(4) 均以"#"开头,实际书写时,与预处理命令之间一般不留空格,语句结束时不写分号。

2. 宏

(1) 宏定义预处理语句为#define,使宏定义无效化语句为#undef。

(2) 宏定义使用一个标识符来表示一个字符串,这个字符串可以是常量、变量或表达式。

(3) 在宏调用中将用该字符串代换宏名。

(4) 宏定义可以带有参数,宏调用时以实参代换形参,而不是函数的"值传递"。

(5) 为了避免宏代换时发生错误,宏定义中的字符串应加括号,字符串中出现的形参两边也应该加上括号。

3. 文件包含

(1) 文件包含预处理语句为#include。

(2) 文件包含是预处理的一个重要功能,它用于把多个源文件连接成一个源文件进行编译,结果将生成一个目标文件。

4. 条件编译

(1) 条件编译预处理语句较多,有#if、#elif、#else、#endif、#ifdef、#ifndef。

(2) 条件编译允许只编译源程序中满足条件的程序段,使生成的目标程序较简短,从而减少内存开销并提高程序效率。

(3) 使用条件编译能够防止文件重复包含带来的错误。

【典型例题】

1. 例题1,规范的带参宏定义。

```
#include < stdio.h>
#define MAX(a,b)  (((a)>(b))?(a):(b))
int main()
{
    int x,y,max;

    printf("Enter two inetgers: ");
    scanf(" %d %d",&x, &y);

    max = MAX(x,y);
    printf("MAX( %d, %d)  =  %d\n",x, y, max);

    max = 2 * MAX(x,y);
    printf("2 * MAX( %d, %d)  =  %d\n",x, y, max);

    max = 2 * MAX(x + 3,y-2);
    printf("2 * MAX( %d + 3, %d-2)  =  %d\n",x, y, max);

    return 0;
}
```

```
Enter two inetgers: 3 9
MAX(3,9) = 9
2*MAX(3,9) = 18
2*MAX(3+3,9-2) = 14
```

图 11-1

程序运行结果如图11-1所示。

2. 例题2,不规范的带参宏定义带来错误运算结果。

```
#include < stdio.h>
#define MAX(a,b)  a > b?a:b
int main()
{
    int x,y,max;

    printf("Enter two inetgers: ");
    scanf(" %d %d",&x, &y);

    max = MAX(x,y);
    printf("MAX( %d, %d)  =  %d\n",x, y, max);

    max = 2 * MAX(x,y);
    printf("2 * MAX( %d, %d)  =  %d\n",x, y, max);

    max = 2 * MAX(x + 3,y - 2);
    printf("2 * MAX( %d + 3, %d - 2)  =  %d\n",x, y, max);

    return 0;
}
```

程序运行结果如图 11-2 所示。

```
Enter two inetgers: 3 9
MAX(3,9) = 9
2*MAX(3,9) = 9
2*MAX(3+3,9-2) = 6
```

图 11-2

3. 宏定义的作用范围。

```
#include <stdio.h>

int main()
{
#define MAX 100
    printf("MAX = %d\n", MAX);
#define STRLEN MAX + 1
    printf("STRLEN = %d\n", STRLEN);
#undef MAX                                    //解除 MAX 宏定义,使其无效化

#define MAX 200
    printf("MAX = %d\n",MAX);
    printf("STRLEN = %d\n", STRLEN);
    return 0;
}
```

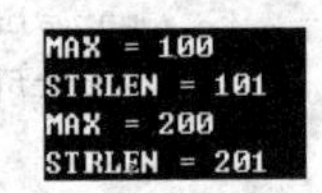

图 11-3

程序运行结果如图 11-3 所示。

【Q&A】

1. Q:#指令独占一行,是否可行?

A:#独占一行,即所谓的空指令,它没有任何作用。部分程序员用空指令作为条件编译模块之间的间隔。

2. Q:宏函数与函数有何区别?

A:带参数的宏定义也经常被称为宏函数。宏函数与函数在功能上有一定的相似之处,这使得有些功能既可以用宏函数实现,也可以用函数实现。但是它们在实现中有着截然不同的机制。

第一,宏替换在编译前进行,替换后再进行编译,不减少目标模块的大小;函数调用则在运行时进行,要增加一些函数调用的额外开销,如保留现场、传递参数、恢复现场等。由于宏函数无须这些开销,因此使用宏函数的代码规模要比使用函数大,效率也要比相同功能的函数调用高一些。

第二,宏函数可以嵌套,即在宏函数中可以使用以前定义过的宏;函数定义则不能嵌套,只能在一个函数内调用另外的函数。

第三,宏函数对其参数及计算结果的类型没有限制;而函数调用对参数和返回类型有严格的限制。

第四,宏函数中,实参可能计算很多次;而在函数调用中,实参计算只有一次。

第五,宏函数的参数只是做简单替换,不进行类型检测和转换;而函数调用是参数传递却有传值调用和传地址调用两种方式,而且在调用之前先计算实参表达式的值,并检查实参与形参的类型是否一致,并根据需要进行隐式类型转换。

第六,函数只有一个返回值,且只有在传地址时,参数才具有输出信息的作用;宏函数

不存在这个限制。

3. Q：使用带参数宏定义应注意什么？

A：要注意以下4点。

第一，带参数宏定义中，宏名和形参表之间不能有空格出现，如MAX与(a,b)之间。

```
#define MAX(a,b)  (((a)>(b))?(a):(b))
```

第二，在带参宏定义调用过程中，形参不分配内存单元，不必做类型声明，只做符号代换，不存在值传递问题。

第三，宏定义中的形参是标识符，宏调用中的实参可以是表达式。

第四，宏定义中形参通常如上式用括号括起来，否则可能发生错误。

4. Q：使用文件包含语句时，使用尖括号和双引号括起文件名有何区别？

A：使用尖括号括起文件名表示该文件在include目录中查找(当前使用的编译器软件的工作路径之下，用户在设置环境时设置的)；使用双引号括起文件名则表示该文件在当前源文件目录中查找，若未找到才到包含目录中查找。

5. Q：如何避免多次包含同一个头文件？

A：可以使用#ifndef指令和#define指令来避免，形如以下形式：

```
//headfile.h
#ifndef  _INC_HEADFILE
#define _INC_HEADFILE
//头文件中应有的变量、函数声明、类型定义等
#endif
```

【课后练习】

1. 选择题。

(1) 以下正确的描述是________。

A. C语言的预处理功能是指完成宏替换和包含文件的调用

B. 预处理指令只能位于源程序的首部

C. 源程序中凡是以#标识作为行首的都是预处理指令

D. C语言的编译预处理就是对源程序进行初步的语法检查

(2) 以下错误的宏定义是________。

A. #define NUM 10

B. #define SUM(x,y) ((x)+(y))

C. #define SUM(x,y) ((x)+(y));

D. #define NUM (10*x+y)

(3) 以下程序运行结果是________。

```
#include <stdio.h>
#define max(x,y)  ((x)>(y)?(x):(y))
int main()
{
```

```
    int a = 1,b = 2,r;
    r = max(a + 4,b - 1);
    printf(" % d\n",r);
    return 0;
}
```

A. 3　　B. 4　　C. 5　　D. 6

(4) 以下程序运行结果是________。

```
#include < stdio.h >
#define sum(x,y)  (x) + (y)
int main()
{
    int a = 4, b = 5, r;
    r = 2 * sum(a, b);
    printf(" % d\n",r);
    return 0;
}
```

A. 10　　B. 8　　C. 13　　D. 14

(5) 以下程序运行结果是________。

```
#include < stdio.h >
#define M 5
#define N(x) (M * x)
int main()
{
    int a = 3,b = 5,r;
    r = N(a + b);
    printf(" % d\n",r);
    return 0;
}
```

A. 20　　B. 25　　C. 30　　D. 40

2. 填空题。

(1) 宏定义是用一个________表示一个字符串,这个字符串可以是常量、变量或表达式。

(2) 宏定义可以带有参数,宏调用时是以________替换形参,而不是函数的________。

(3) 源程序中终止宏定义,可以使用________命令。

(4) 文件包含命令________是预处理的一个重要功能,它可用来把多个源文件链接成一个源文件进行编译,结果将生成一个目标文件。

(5) ________允许只编译源程序中满足条件的程序段,使生成的目标程序较短,从而减少内存开销提高程序效率。

3. 阅读程序,写出运行结果。

```
#include < stdio.h >
#define DEBUG
int main()
{
```

```
    int a = 3,b = 5,r;
    r = a / b;
#ifdef DEBUG
    printf("a = %d, b = %d\n",a, b);
#endif
    printf("r = %d\n",r);
    return 0;
}
```

实验 12 项目演练

【学生信息管理系统】

本系统要求对一个班级的学生信息(学号、姓名、三门功课、平均成绩)进行录入、输出、查看不及格学生、计算平均成绩、按学号排序、按平均分排序等功能,并存入文件中。如以下系列图所示:该系统各项功能可通过菜单进行选择,各个功能可封装为函数,通过函数指针调用各功能函数。另外,可利用结构体数组或者链表实现,录入和保存用文件操作完成。

程序运行后,应首先读取文件信息,如图 12-1 所示。

按任意键后,主菜单显示如图 12-2 所示。

读取文件完毕,按任意键继续

图 12-1

图 12-2

按键 1 后显示如图 12-3 所示。

按任意键,返回主菜单如图 12-2 所示。

按键 2 后显示如图 12-4 所示。

学号	姓名	语文	数学	英语	平均分
000000000	张三	100	99	98	99.00
000000001	马七	0	1	0	0.33
000000002	王五	50	60	60	56.67
000000003	李四	90	90	90	90.00
000000004	赵六	30	50	80	53.33

按任意键继续

图 12-3

学号	姓名	语文	数学	英语	平均分
000000002	王五	50	60	60	56.67
000000004	赵六	30	50	80	53.33
000000001	马七	0	1	0	0.33

按任意键继续

图 12-4

按任意键,返回主菜单如图 12-2 所示。

按键 3 后显示如图 12-5 所示。

按任意键,返回主菜单,如图 12-2 所示。按键 4 后显示如图 12-6 所示。

学号	姓名	语文	数学	英语	平均分
000000000	张三	100	99	98	99.00
000000001	马七	0	1	0	0.33
000000002	王五	50	60	60	56.67
000000003	李四	90	90	90	90.00
000000004	赵六	30	50	80	53.33

按任意键继续

图 12-5

学号	姓名	语文	数学	英语	平均分
000000000	张三	100	99	98	99.00
000000003	李四	90	90	90	90.00
000000002	王五	50	60	60	56.67
000000004	赵六	30	50	80	53.33
000000001	马七	0	1	0	0.33

按任意键继续

图 12-6

按任意键,返回主菜单,如图 12-2 所示。按键 5 后显示如图 12-7 所示。

按任意键,返回主菜单,如图 12-2 所示。按键 6 后显示如图 12-8 所示。

同时观察文件 text. txt 内容,如图 12-9 所示。

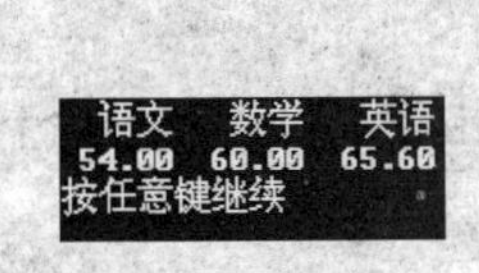

图 12-7

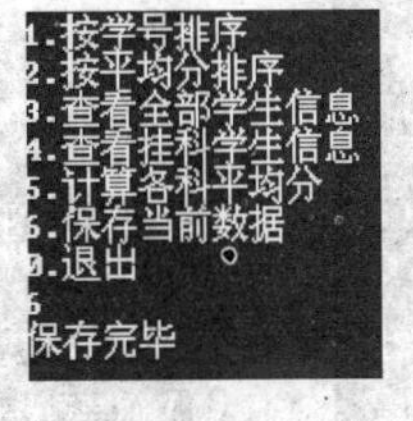

图 12-8

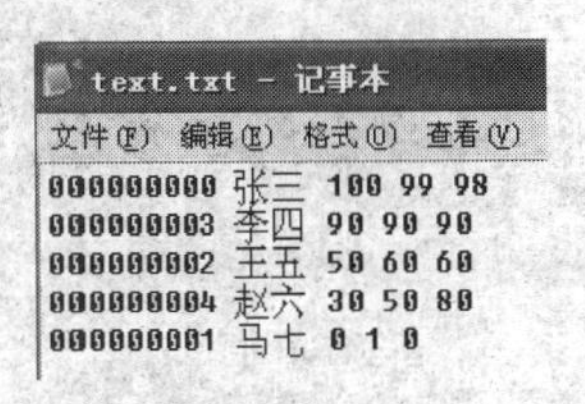

图 12-9

按任意键,返回主菜单,如图 12-2 所示。按键 0 程序结束。

【图书借阅管理系统】

图书管理系统以菜单方式分为图书维护、读者、借书、还书 4 部分内容。其中,图书维护包括新增、更改、删除、查找、显示、全删、退出等 7 项子功能。每位读者最多借 5 本书。

图书信息和读者信息均可用文件存储,如图 12-10 所示。

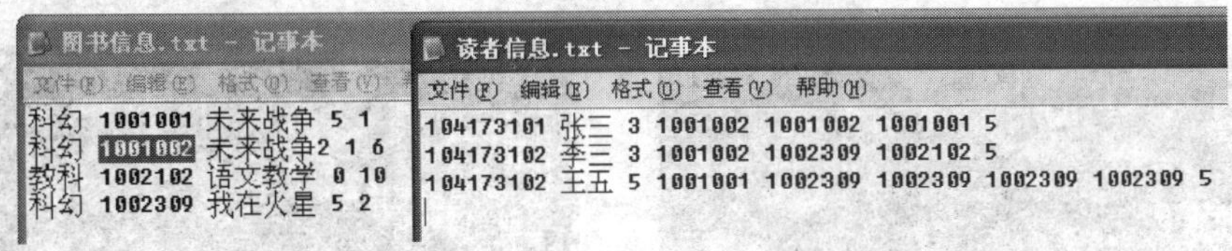

图书信息.txt - 记事本

文件(F) 编辑(E) 格式(O) 查看(V)

科幻 1001001 未来战争 5 1
科幻 1001002 未来战争2 1 6
教科 1002102 语文教学 0 10
科幻 1002309 找在火星 5 2

读者信息.txt - 记事本

文件(F) 编辑(E) 格式(O) 查看(V) 帮助(H)

104173101 张三 3 1001002 1001002 1001001 5
104173102 李三 3 1001002 1002309 1002102 5
104173102 王五 5 1001001 1002309 1002309 1002309 1002309 5

图 12-10

程序运行后,进入用户功能选择界面,如图 12-11 所示。

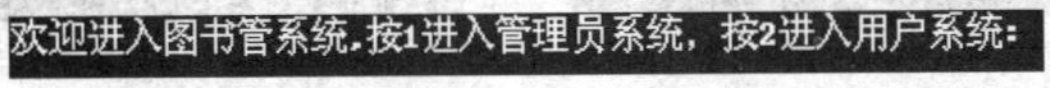

欢迎进入图书管系统,按1进入管理员系统,按2进入用户系统:

图 12-11

按键 1,管理员进入的界面如图 12-12 所示。

管理员界面菜单中按键 1,选择新增图书功能,如图 12-13 所示。

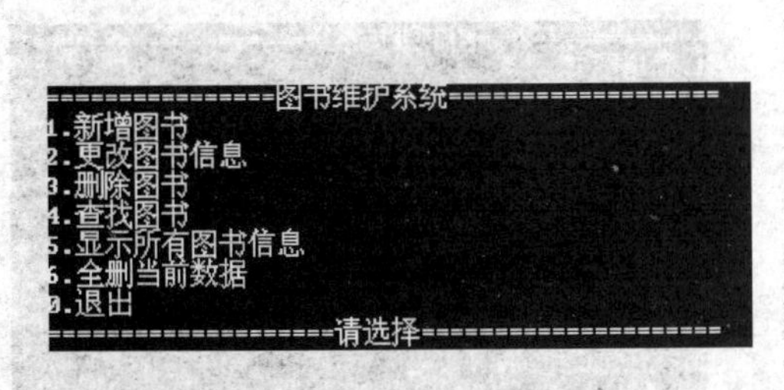

图 12-12

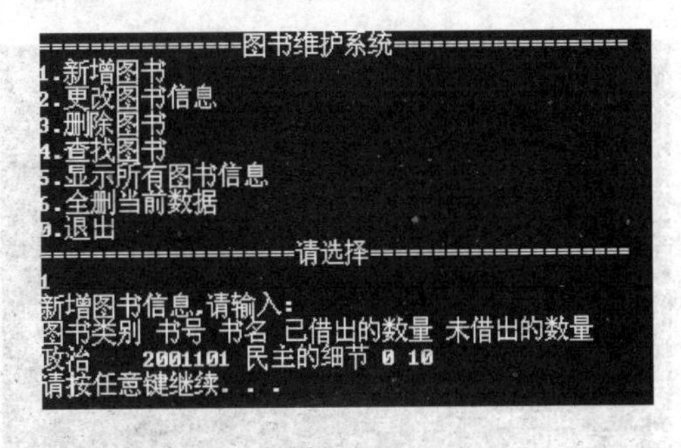

图 12-13

按任意键回到菜单界面，如图 12-12 所示，按键 2 选择更改图书信息，如图 12-14 所示。

按任意键回到菜单界面，如图 12-12 所示，按键 3 删除图书信息，如图 12-15 所示。

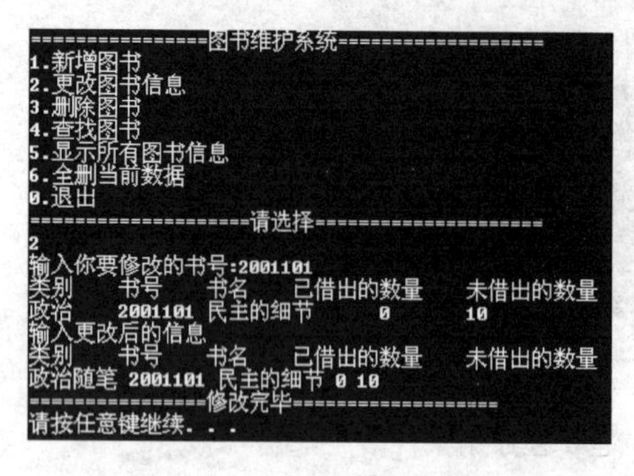

图　12-14

```
===============图书维护系统==================
1.新增图书
2.更改图书信息
3.删除图书
4.查找图书
5.显示所有图书信息
6.全删当前数据
0.退出
==================请选择===================
3
输入你要删除的书号:2001101
类别      书号      书名      已借出的数量      未借出的数量
政治随笔            2001101 民主的细节      0       10
===============删除完毕==================
请按任意键继续. . .
```

图　12-15

按任意键回到菜单界面，如图 12-12 所示，按键 4 查找图书信息，系统提供了三种查找方式，如图 12-16 所示，选择了按类别查找，再输入类别名称后，显示信息如图 12-16 所示(已被删除)。

若按照书名查找，则根据图 12-10 中文件存储信息，输入书名进行查找，则显示结果如图 12-17 所示。

```
===============图书维护系统==================
1.新增图书
2.更改图书信息
3.删除图书
4.查找图书
5.显示所有图书信息
6.全删当前数据
0.退出
==================请选择===================
4
选择查找方式:书名查找按1, 类别查找按2, 书号查找按3: 2
请输入你想要查找的类别:政治随笔
查无此类。
请按任意键继续. . .
```

图　12-16

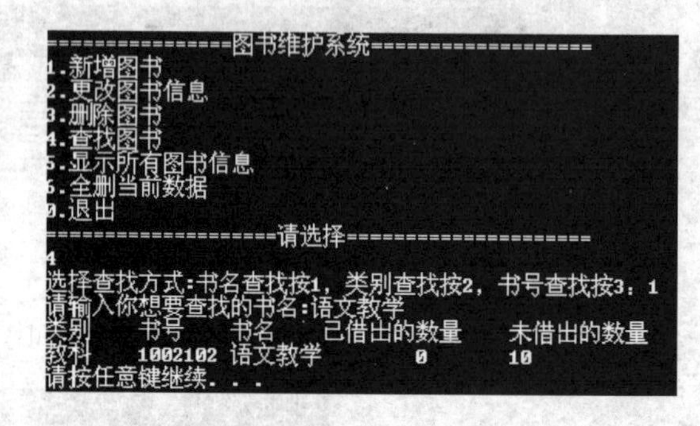

图　12-17

按任意键回到菜单界面如图 12-12 所示，按键 5 选择显示所有图书信息，如图 12-18 所示。

按任意键回到菜单界面如图 12-12 所示，按键 6 选择全删当前数据，如图 12-19 所示。

```
===============图书维护系统==================
1.新增图书
2.更改图书信息
3.删除图书
4.查找图书
5.显示所有图书信息
6.全删当前数据
0.退出
==================请选择===================
5
类别    书号     书名       已借出的数量    未借出的数量
科幻    1001001 未来战争        5       1
科幻    1001002 未来战争2       1       6
教科    1002102 语文教学        0       10
科幻    1002309 我在火星        5       2
请按任意键继续. . .
```

图　12-18

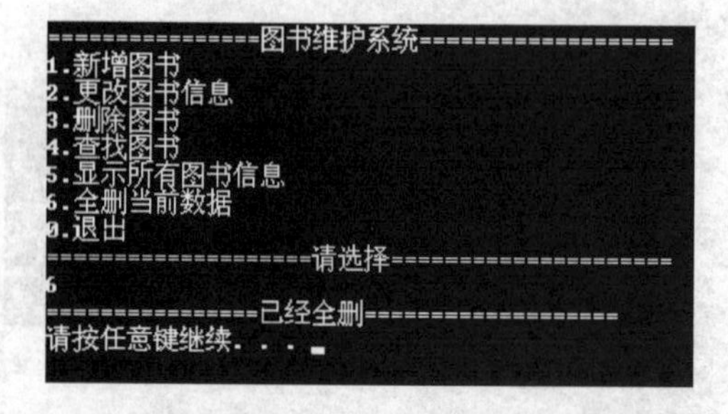

图　12-19

按任意键回到菜单界面如图 12-12 所示，按键 5 再显示所有图书信息，如图 12-20 所示，即所有图书均已被删除的效果。

若程序运行后，如图 12-11 所示，按键 2 进入用户系统，如图 12-21 所示，输入用户学号。

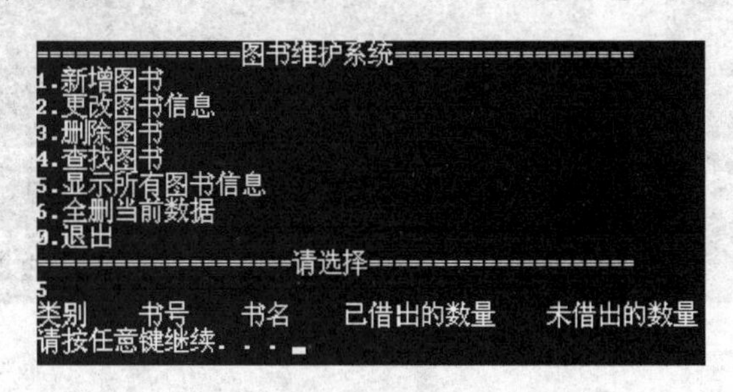

图 12-20

```
用户请输入学号登入:104173102
```

图 12-21

进入用户功能选择菜单界面，如图 12-22 所示。

选择 1 借阅图书，系统要求输入图书编号，如图 12-23 所示。

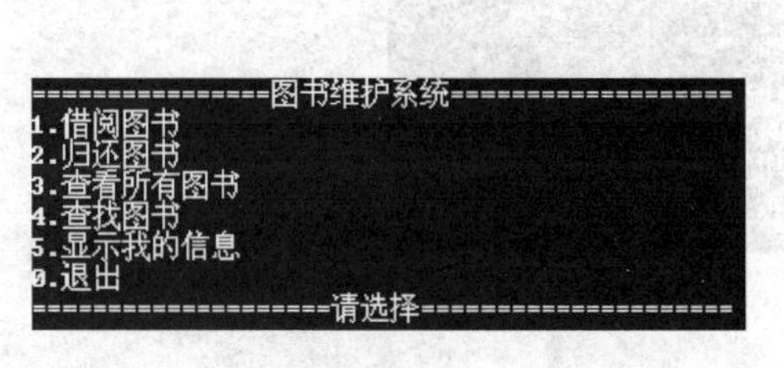

图 12-22

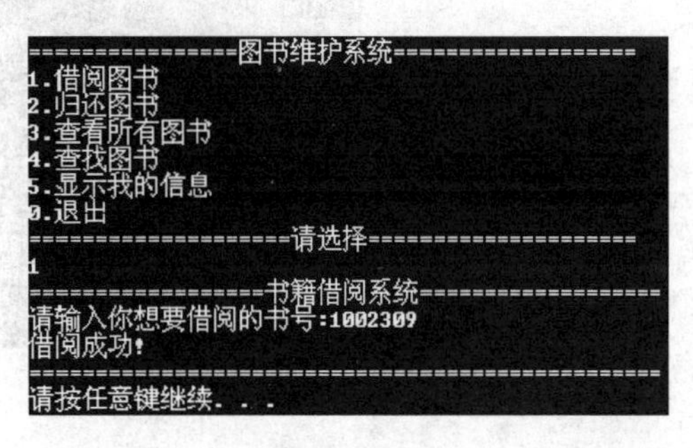

图 12-23

返回用户功能选择菜单界面，如图 12-22 所示。再按键 5 选择显示当前读者及借阅信息，如图 12-24 所示。

返回用户功能选择菜单界面，如图 12-22 所示。再按键 2 选择归还图书功能，如图 12-25 所示。

```
===============图书维护系统=================
1.借阅图书
2.归还图书
3.查看所有图书
4.查找图书
5.显示我的信息
0.退出
==================请选择===================
5
学号          姓名    已借出的数量    最大借书数量
104173101     张三    4               5
借书项目
1001002 1001002 1001001 1002309
请按任意键继续. . .
```

图 12-24

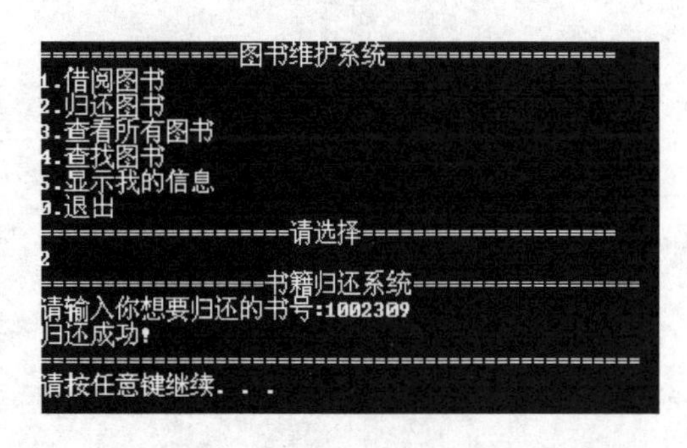

图 12-25

返回用户功能选择菜单界面，如图 12-22 所示。再按键 5 选择显示当前读者及借阅信息，通过借书项目，显示已经归还成功，如图 12-26 所示。

返回用户功能选择菜单界面，如图 12-22 所示。再按键 3 选择查看所有图书信息，如

图 12-27 所示。

```
===============图书维护系统==================
1.借阅图书
2.归还图书
3.查看所有图书
4.查找图书
5.显示我的信息
0.退出
=================请选择===================
5
学号                姓名    已借出的数量      最大借书数量
104173101           张三    3                 5
借书项目
1001002 1001002 1001001
请按任意键继续. . .
```

图 12-26

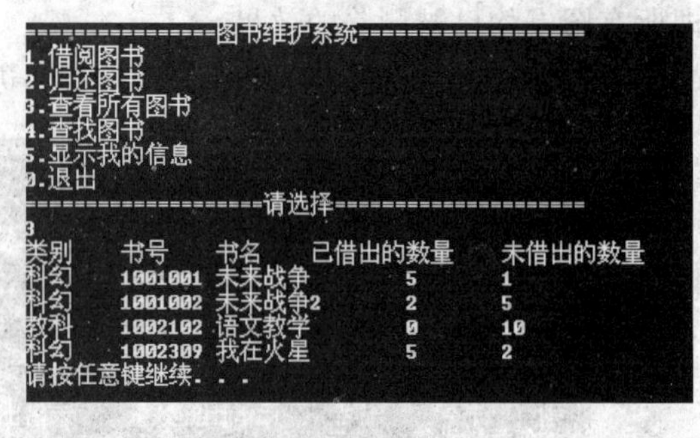

图 12-27

返回用户功能选择菜单界面,如图 12-22 所示。再按键 4 选择查找图书信息,选择按书号查找,如图 12-28 所示。

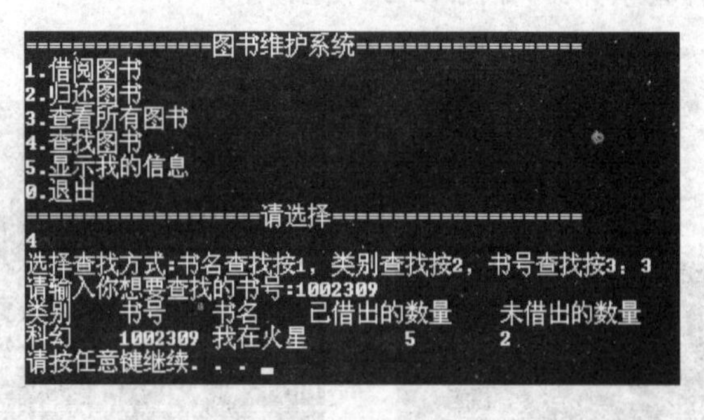

图 12-28

返回用户功能选择菜单界面,如图 12-22 所示,再按键 0 退出当前系统。

参 考 文 献

1. [美]K N King. C语言程序设计现代方法. 吕秀锋译. 北京：人民邮电出版社，2007.
2. [美]Jeri R Hanly等. C语言详解(第5版). 万波等译. 北京：人民邮电出版社，2007.
3. 徐秋红，王全红. C语言实用教程. 北京：人民邮电出版社，2010.
4. [美]Eric S Roberts. C语言的科学和艺术. 翁惠玉等译. 北京：机械工业出版社，2005.
5. 谭浩强. C程序设计(第三版). 北京：清华大学出版社，2005.
6. [美]Ivor Horton. C语言入门经典(第4版). 杨浩译. 北京：清华大学出版社，2008.
7. 刘迎春，张艳霞. C语言程序设计上机指导与同步训练. 北京：北京大学出版社，2005.
8. 苏小红，孙志岗等. C语言大学实用教程学习指导. 北京：电子工业出版社，2007.
9. 钱能. C++程序设计教程. 北京：清华大学出版社，1999.
10. [美]David M Collopy. C语言教程：模块化程序设计(第二版). 罗铁庚译. 北京：清华大学出版社，2004.
11. 林锐，韩永泉. 高质量程序设计指南——C++/C语言(第二版). 北京：电子工业出版社，2003.